FREIBERGER FORSCHUNGSHEFTE
Herausgegeben vom Rektor der TU Bergakademie Freiberg

A 832 Grundstoff-Verfahrenstechnik

Chemische Herstellung von Feststoffen

Redaktionelle Leitung:
Prof. Dr. rer. nat. habil. Paul Brand, Freiberg

Mit 32 Abbildungen und 14 Tabellen

Deutscher Verlag für Grundstoffindustrie
Leipzig · Stuttgart

Herausgeber: Der Rektor der TU Bergakademie Freiberg, Akademiestraße 6, D-09599 Freiberg
Verlag: Deutscher Verlag für Grundstoffindustrie GmbH, Karl-Heine-Straße 27b, D-04229 Leipzig
Manuskriptannahme: TU Bergakademie Freiberg, Redaktion Freiberger Forschungshefte, Akademiestraße 6, D-09599 Freiberg

Bestellungen aus dem In- und Ausland sind an den Buchhandel oder den Verlag zu richten.

Die Deutsche Bibliothek – CIP-Einheitsaufnahme

Chemische Herstellung von Feststoffen : mit 14 Tabellen /
[Hrsg.: Der Rektor der TU Bergakademie Freiberg]. Red.
Leitung: Paul Brand. – 1. Aufl. – Leipzig ; Stuttgart : Dt. Verl.
für Grundstoffindustrie, 1993
(Freiberger Forschungshefte : A ; 832 : Grundstoff-Verfahrenstechnik)
ISBN 3-342-00582-3
NE: Brand, Paul [Red.]; Bergakademie <Freiberg>; Freiberger
Forschungshefte / A

1. Auflage

Druck: Druckhaus „Thomas Müntzer“ GmbH, Bad Langensalza
ISSN 0071-9390
Printed in Germany

Annotation

In sieben Beiträgen werden Ergebnisse von Arbeiten zur chemischen Präparation von genutzten und von potentiellen Vorprodukten für Katalysatorträger und Keramik mitgeteilt: von hydroxidischen Phasen für Al_2O_3 und Al_2O_3/ZrO_2, von Oxometallaten mit W, Mo, V für Oxide und oxidische Verbindungen dieser Elemente, von siliciumorganischen Polymeren für SiC. Dabei wird über neue Erkenntnisse zur Entstehung dieser Zwischenstufen aus niedermolekularen Bausteinen, ebenso zu ihren Veränderungen beim thermischen Abbau berichtet. Auswirkungen der Bedingungen der Präparation, der Struktur der Vorprodukte und ihrer Partikelcharakteristik auf die Bildung der Zielphasen werden dargestellt.

Annotation

In seven contributions results of investigations on the chemical preparation of already used and of potential precursors for catalyst carriers and for ceramics are reported: of hydroxidic phases for Al_2O_3 and Al_2O_3/ZrO_2, of oxometallates of W, Mo, V for oxides and oxidic compounds of these elements, of silicon-organic polymers for SiC. With them new knowledge about the formation of these intermediate phases from small units and about their changes at thermal decomposition is presented. Effects of the conditions of preparation, of the structure and of the particulate characteristics of the precursors on the development of the final phases are demonstrated.

Inhaltsverzeichnis

Contents Page

"Herstellung und Eigenschaften böhmitreicher Aluminiumhydroxide"

Von BOLLMANN, U.; THOME, R.; ENGELS, S.; BIRKE, P.; BRAND, P.; LANGE, R. und STEINIKE, U.

1. Einleitung

Die in den letzten 4-5 Jahrzehnten im Ergebnis von umfangreichen Grundlagenuntersuchungen zum Einfluß der Herstellungsbedingungen auf die Genese und Eigenschaften von alkalimetallarmen, phasenreinen Aluminiumhydroxiden und -oxiden erzielten wissenschaftlichen Erkenntnisse sind in einigen Übersichtsarbeiten und Monographien zusammengefaßt [1-5].

Gelartige bzw. geringkristalline Böhmite (die auch als Pseudoböhmit bezeichnet werden [2, 3]) und böhmitreiche Aluminiumhydroxide feinfaseriger Gestalt mit spezifischen Oberflächengrößen von 150 m^2/g bis 350 m^2/g und Na_2O-Gehalten von weniger als 0,05 Ma.-% bzw. 0,02 Ma.-% Na_2O (bezogen auf Al_2O_3) finden vor allem als *Zwischenprodukte für die Herstellung von Katalysatoren, Katalysatorkomponenten bzw. -trägern und Adsorbentien* in unterschiedlicher Form und Größe sowie direkt als *Binde- bzw. Formungshilfsmittel* für sehr gut kristallisierte Materialien (z.B.: $Al(OH)_3$, Al_2O_3, Zeolithe und deren Analoga) eine breite Anwendung.

In Abhängigkeit von den in der Natur zur Verfügung stehenden aluminiumreicheren bzw. -ärmeren Rohstoffen (wie vor allem den Bauxiten bzw. Tonen unterschiedlicher Zusammensetzung) sowie von deren gezielter Aufbereitung und chemischer Umsetzung (z.B.: in Form von Löse-, Fällungs- bzw. Hydrolyse-, Kondensations- und Kristallisationsvorgängen) [2, 3, 6-10] sowie auf dem Wege der Hydrolyse von Aluminiumalkoholaten (die als Zwischenprodukte der Herstellung von primären unverzweigten Fettalkoholen resultieren) [3, 11, 12], sind im technischen Maßstab unterschiedliche Aluminiumhydroxide (vzw. Böhmit und Bayerit) mit definierter chemischer Reinheit, röntgenographischer Phasenzusammensetzung, Morphologie und Textur herstellbar.

Durch die Wahl geeigneter Bedingungen während deren thermischer Zersetzung (Langzeitcalcination) sind bei Temperaturen zwischen 500 °C und 700 °C aktive Al_2O_3-Übergangsformen (vzw. γ- und η-Al_2O_3) mit den erforderlichen Feststoffcharakteristika zugänglich [1-4].

Im *Mittelpunkt dieser Arbeit* stehen Ergebnisse eigener Grundlagenuntersuchungen zur *Entwicklung eines reagenzien- und abproduktarmen Verfahrens für die Gewinnung von böhmitreichen Aluminiumhydroxiden* (vgl. Bild 1). Diese sind ein *Resultat der Rehydratation* von neuartig hergestellten teilkristallinen Al_2O_3-Feststoffen, die besondere Struktur- und Gefügedefekte verbunden mit einer hohen Reaktionsfähigkeit aufweisen und auch als *γ*- bzw. χ*-Al_2O_3* bezeichnet werden [13-15].

Ferner liefern die Ergebnisse einen Beitrag zur weiteren Klärung mechanistischer Vorstellungen über den Rehydratationsverlauf teilkristalliner Al_2O_3-Feststoffe (vgl. Bild 2).

In Abhängigkeit von der *Variation der Natur und Provenienz des* Ausgangshydrargillits, *α-Al(OH)3, und von den Reaktionsbedingungen in den* jeweiligen *Stufen des Herstellungsprozesses* der Aluminiumhydroxide bzw. -oxide (z.B.: beim Kurzzeit- bzw. Schockerhitzen von Hydrargillit und beim Rehydratisieren der teilkristallinen Feststoffe) wird gezeigt, wie die erforderlichen chemischen und physikalischen Eigenschaften der Zwischen- und Endprodukte gezielt eingestellt werden können.

2. Herstellung von Böhmit bzw. böhmitreichen Aluminiumhydroxiden

2.1. Rehydratation von teilkristallinen Al_2O_3-Feststoffen

2.1.1. Erkenntnisstand und Schlußfolgerungen

Die Auswertung der auf diesem Gebiet nur in geringer Zahl publizierten Arbeiten sowie der etwas umfangreicheren Zahl an Erfindungsanmeldungen verdeutlicht, daß die Autoren im wesentlich zwei *Zielrichtungen* für diese Arbeiten verfolgten:

- die Modifizierung der Al_2O_3-Eigenschaften infolge einer gezielten Herstellung von Gemischen verschiedener Al_2O_3-Übergangsformen (bevorzugt von γ-/η-Al_2O_3) im Ergebnis einer teilweisen Rehydratation des

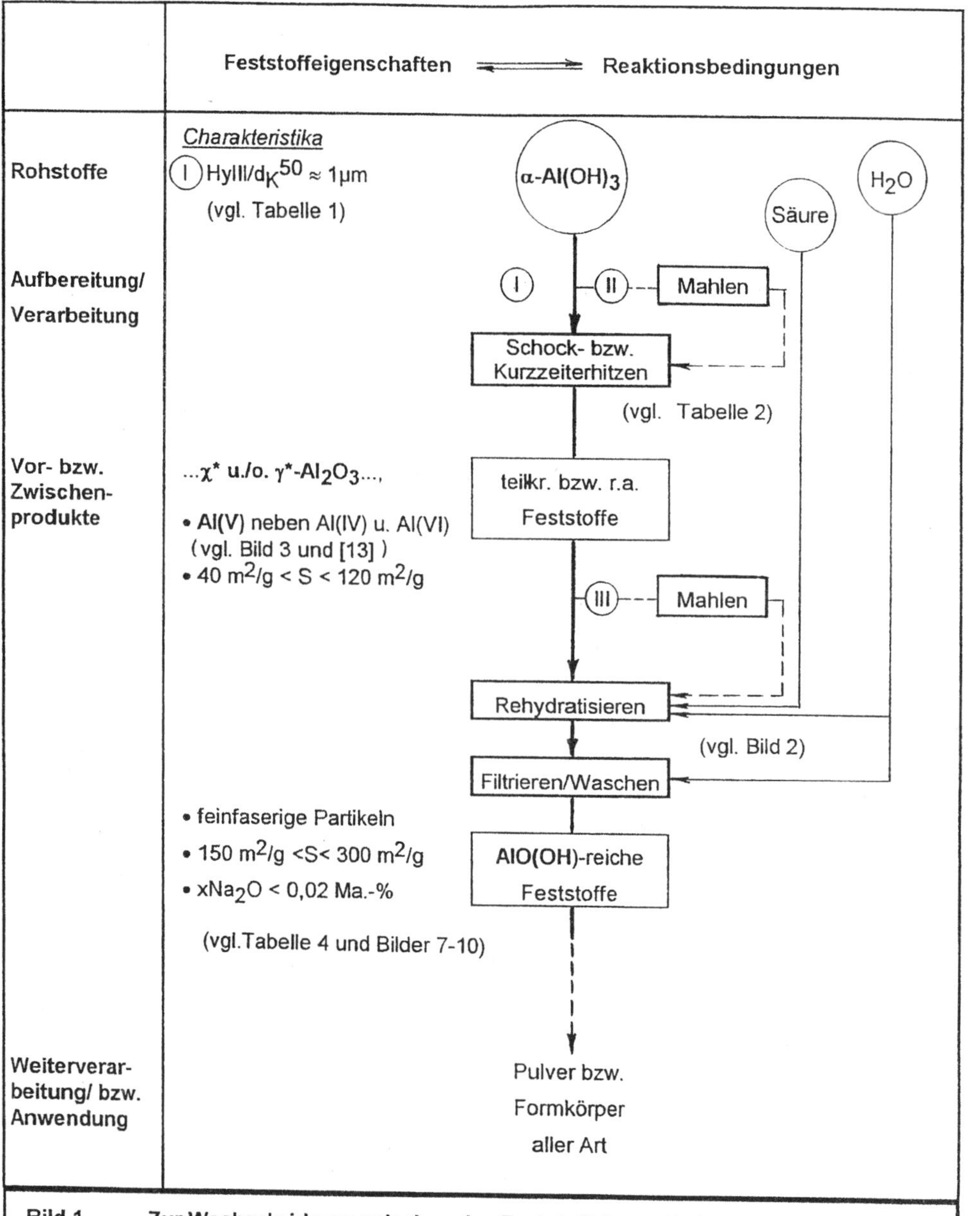

Bild 1. Zur Wechselwirkung zwischen den Feststoffeigenschaften (der Rohstoffe, Zwischen- und Endprodukte) sowie den Reaktionsbedingungen in den Stufen der Herstellung böhmitreicher Aluminiumhydroxide

Rehydratationsverlauf = f (Feststoffeigenschaften des Ausgangsmaterials, Reaktionsbedingungen/Prozeßführung)

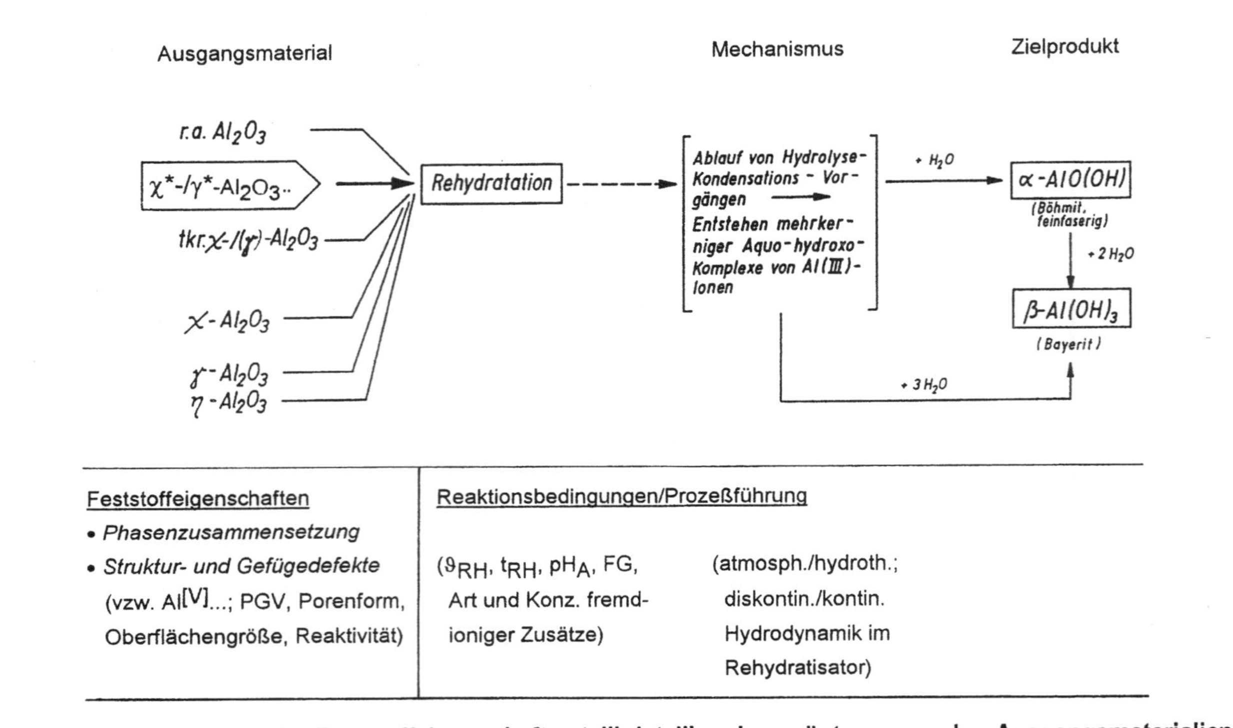

Bild 2. Zum Einfluß der Feststoffeigenschaften teilkristalliner bzw. röntgenamorpher Ausgangsmaterialien sowie der Rehydratationsbedingungen auf den Prozeßverlauf und die resultierenden Produkteigenschaften

ursprünglichen Al_2O_3 und anschließenden Langzeitcalcination der Feststoffpartikeln (z.B.: [26]).

- die Feststoffumwandlung teilkristalliner Aluminiumoxide verschiedener Herkunft und Eigenschaften als Methode zur Gewinnung von Aluminiumhydroxiden unterschiedlicher Modifikation (vzw. Böhmit und Bayerit) [3, 5, 13-25].

Die vorliegenden Resultate verdeutlichen, daß alle Al_2O_3-Tieftemperaturformen (ρ-, χ-, γ- und η-Al_2O_3) sowie auch röntgenamorphe oxidische Materialien in wäßrigen Medien unter den jeweiligen Bedingungen in die verschiedenen Aluminiumhydroxide mit unterschiedlichen Feststoffeigenschaften überführt werden können.

Die *vollständige Umwandlung* der teilkristallinen bzw. röntgenamorphen Al_2O_3-Vor- bzw. Zwischenprodukte *in* einen *feinfaserigen Böhmit* entsprechender Reinheit scheint mit Ausnahme von ZOLOTOVSKIJ et al. [27], HUANG und KONO [28] sowie von Arbeiten der eigenen Arbeitsgruppe (vgl. Bild 2) entsprechenden Literaturangaben zufolge *nur unter hydrothermalen Reaktionsbedingungen gelungen* zu sein (meist in bereits geformten Teilchen).

Diese auf hydrothermalen Wegen gewonnen pulverförmigen *Böhmite sind* infolge ihrer höheren Kristallinität und mittleren röntgenographischen Teilchengröße zwischen 3 nm und 10 nm (im Vergleich zu einem gefällten Pseudoböhmit von nur 2 nm bis 3 nm) *nicht* über die Stufen der Peptisation *für die Weiterverarbeitung* zu aktiven, mechanisch stabilen Al_2O_3-Formkörpern mit den eingangs formulierten Anwendungsgebieten *geeignet.*

Ein dirketer Vergleich der vorliegenden Ergebnisse ist auch dadurch erschwert, daß nur in sehr wenigen Fällen von den Autoren exakte Angaben zur Charakterisierung der chemischen und physikalischen Eigenschaften des Ausgangsmaterials und/oder zu den eingestellten Bedingungen während der Rehydratation bzw. der Vor- und/oder Nachbehandlung der Feststoffpartikeln gemacht wurden.

Daher sind auch die *Vorstellungen zum Mechanismus* der dabei ablaufenden *Teilprozesse nur wenig entwickelt.*

Nach SESTAK et al. [29] wird die Umwandlungsgeschwindigkeit der Al_2O_3-Partikeln im Prozeß ihrer Rehydratation durch folgende Elementarschritte bestimmt:

- Diffusion der H_2O-Moleküle von der Oberfläche in das Teilcheninnere
- Diffusion durch die Phasengrenzflächen des Festkörpers (Phasengrenzreaktion)
- Feststoffreaktion in der Volumenphase (chemische Reaktion) sowie
- Keimbildungs- und Kristallwachstumsvorgänge.

In Anlehnung an die von HEIDE [30] vorgenommenen kinetischen Betrachtungen für derartig komplex ablaufende Feststoffreaktionen, die Ergebnisse von FRICKE und JOCKERS [31], CALVET und THIBON [32] sowie an die zahlreichen Untersuchungen der eigenen Arbeitsgruppe [13, 23-25, 33, 34] (wie im folgenden Abschnitt aufgeführt) wird die *Umwandlungs- bzw. Rehydratationsgeschwindigkeit der Partikeln* im wesentlichen *von folgenden Faktoren beeinflußt* (vgl. auch Bild 2):

- *Phasenzusammensetzung und Struktur* (Ordnungsgrad und Bindungszustände) sowie *Textureigenschaften* (Geometrie bzw. Habitus der Partikeln, zugängliche Oberfläche, Porenstruktur) der Ausgangsmaterialien sowie
- *Reaktionsbedingungen* während der Rehydratation (wie z.B.: Temperatur, Verweilzeit, Ausgangs-pH-Wert, Art des Rehydratationsmediums, Feststoffgehalt der Suspension), wobei auch die *Art der Prozeßführung* von nicht zu unterschätzender Bedeutung ist.

Der Rehydratationsverlauf gliedert sich nach CALVET und THIBON [32] sowie GLIEMROTH [35] (aus Überlegungen einer "Umkehrung" des Mechanismus der Dehydroxylierung kristalliner Aluminiumhydroxide [36, 37] heraus) in die folgenden Teilschritte:

- Chemisorption der Wassermoleküle an der äußeren und inneren Oberfläche der Al_2O_3-Partikeln
- Hydroxylierung des defekten O^{2-}-Teilgitters des Aluminiumoxids unter Herausbildung eines Hydroxidionenteilgitters.

Analoge Vorstellungen wurden auch von DELLA GATTA et al. [38] auf der Basis von mikro-calorimetrischen Untersuchungen des Prozesses der Rehydratation von dehydroxylierten Al_2O_3-Oberflächen mit Wasserdampf bis 150 °C entwickelt.

Nach BYE und ROBINSON [39] soll sich Bayerit bei Alterungsprozessen im Ergebnis von "Löse-Rekristallisations-Vorgängen" bilden, wohingegen Böhmit durch Prozesse der "inter- und intra-Kondensation" der Teilchen unter Bildung von OH^--Gruppen zugänglich wird.

2.1.2. Experimentelles

2.1.2.1. Feststoffeigenschaften des Ausgangshydrargillits

In der Tabelle 1 sind die wichtigsten chemischen und physikalischen Eigenschaften von Ausgangshydrargilliten unterschiedlicher Provenienz und Natur aufgeführt [13]:

Tabelle 1: Ausgewählte Feststoffeigenschaften der verwendeten Hydrargillite

Hydrargillit Methode Kenngröße	**Hy I** (Lauta)	**Hy III** (Schwandorf)
Chemische Analyse		
xAl_2O_3 in Ma.-%	65,3[1]	65,5[1]
xNa_2O in Ma.-%	0,42	0,60
$xSiO_2$ in Ma.-%	0,15	0,20
xFe_2O_3 in Ma.-%	0,08	0,035
Stöchiometrie	$Al_2O_3 \bullet 3H_2O$	
ρ_{Sch} in kg/l	1,20	0,35
ρ_0 in g/cm^3	2,42	2,40
Röntgendiffraktometrie, Thermoanalyse (Phasenzusammensetzung)	Hydrargillit hoher Kristallinität (FZ = 1,0)	
Elektronenmikroskopie (Teilchenform)	pseudohexagonle Plättchen, Stäbchen, Nadeln, Polyeder unterschiedlicher Größe	
Korngrößenanalyse	45-65	1,2-1,8
d_K^{50} in µm	(≈ 62)[3]	(0,94)[3]
Spezif. Oberflächengröße		
S in m^2/g	0,15	10,5

[1] (4 h/900 °C)
[2] FZ = 1,0 (Fehlordnungszahl eines realen Feststoffes)
[3] Mittlere Korngröße der für diese Untersuchungen eingesetzten Chargen

2.1.2.2. Präparation und Eigenschaften der teilkristallinen bzw. röntgenamorphen Aluminiumoxide

Die Tabelle 2 gibt einen Überblick über die Art der Ausgangsstoffe und die Wahl der Reaktionsbedingungen für die Herstellung der für diese Grundlagenuntersuchungen eingesetzen Al_2O_3-Feststoffe.

Tabelle 2. Herstellungsbedingungen und Eigenschaften der Al_2O_3-Ausgangsmaterialien

Ausgangsstoff (Kristallinität)	**Calcinationsbedingungen** (Art, t, ϑ, $\dot{v}_{Gas}$)	**Zielprodukt** (Phasenzusammensetzung Oberflächengröße)
β-AlO(OH) (sgk)	*Langzeitcalcination:* 5 h, 550 °C, 5 l/h	**γ-Al_2O_3** 222 m^2/g
α-Al(OH)3 [1] (swk)	5 h, 700 °C, 5 l/h	**χ-Al_2O_3** 198 m^2/g
α-Al(OH)3 [2] (sgk)	*Schock- bzw. Kurzzeit-calcination* [13,33]:	**χ-/(γ)-Al_2O_3** ... (swk) $150\ m^2/g < S < 380\ m^2/g$
α-Al(OH)3 [3] (sgk)	$0{,}5\ s < \bar{t}_V < 10\ s$ $350\ °C < \vartheta_{KC} < 900\ °C$ $45\ Nm^3/h < \dot{v} < 80\ Nm^3/h$	**χ^*-u./o.γ^*-Al_2O_3..** (swk) $40\ m^2/g < S < 120\ m^2/g$ (vgl. Bild 3)
$AlCl_3 \cdot 6\ H_2O$ (reinst)	*Langzeitcalcination:* 2 h, 550 °C, 5 l/h	**r.a. Al_2O_3** 285 m^2/g

1) "HyI-MA(SSM60)": Hydrargillit/FZ ≈ 3,0

2) s. Tabelle 1 (entsprechend "HyI-KC")

3) s. Tabelle 1 (entsprechend "HyIII-KC" bzw. "HyI-MA/KC"oder "HyI-KC/MA", vgl. Bild 1)

("sgk" bzw. "swk" = sehr gut bzw. wenig kristalline Feststoffanteile)

Umfangreiche Ergebnisse über die Möglichkeiten zur gezielten Steuerung der Feststoffeigenschaften hochreaktiver teilkristalliner Aluminiumoxide (die hauptsächlich χ^*- und/oder γ^*-Al_2O_3 enthalten) liegen vor. Diese resultieren aus der

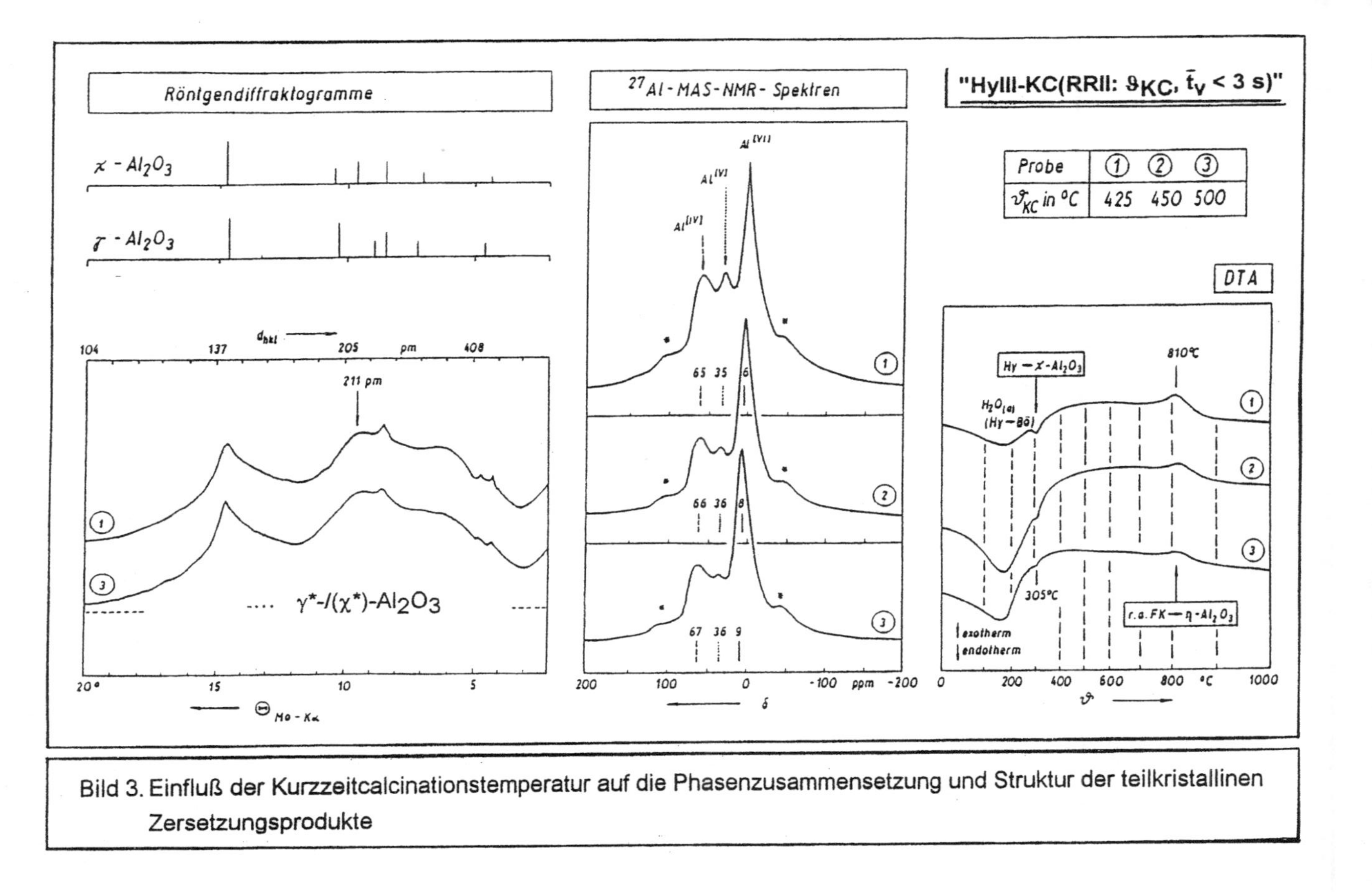

Bild 3. Einfluß der Kurzzeitcalcinationstemperatur auf die Phasenzusammensetzung und Struktur der teilkristallinen Zersetzungsprodukte

Variation der Eigenschaften des Ausgangshydrargillits und den auf diese entsprechend abgestimmten Bedingungen in der Stufe der Schock- bzw. Kurzzeitcalcination der Feststoffpartikeln (eventuell kombiniert mit deren mechanischer Vor- und/oder Nachbehandlung) [13, 33, 40].

Die für derartige Aluminiumoxide charakteristischen *Feststoffeigenschaften* sind in Bild 3 beispielhaft an Kurzzeitcalcinationsprodukten auf der Basis von sehr feinteiligem Hydrargillit mit relativ homogener Morphologie (Hy III) zusammenfassend dargestellt:

Aus den ^{27}Al-MAS-NMR-Spektren ist zu erkennen, daß diese neben 4- und 6fach vor allem *5fach koordinierte Al(III)-Ionen* aufweisen. Die Röntgendiffraktometeraufnahmen und Thermogramme weisen auf *hohe röntgenamorphe Anteile* und den immer stärker auftretenden *Verlust* der für χ-Al_2O_3 einzig im Vergleich zum γ-Al_2O_3 separat auftretenden *[321]-Interferenz bei* $d_{hkl} = 211$ *nm* hin.

Die spezifische *Oberflächengröße* der Partikeln variiert zwischen *40* m^2/g *und 120* m^2/g, wobei deren *Porenstruktur überwiegend* durch Poren bestimmt ist, die entsprechend der Klassifikation von DE BOER und LIPPENS [41] zum Typ A zu zählen sind: Es handelt sich insbesondere um *an beiden Enden offene, kanalförmige bzw. zylindrische Poren* (mit wenigen leicht erweiterten Teilbereichen), die die Feststoffteilchen durchziehen.

2.1.2.3. Präparation böhmitreicher Aluminiumhydroxide

Die *Rehydratation* der röntgenamorphen bzw. teilkristallinen Al_2O_3-Feststoffe erfolgte (sowohl unter atmosphärischen als auch hydrothermalen Bedingungen) im diskontinuierlichen Regime in einer bzw. zwei Stufen in einem geschlossenen Rührbehälter (mit einem Volumen von 2500 ml) bei einer annähernd konstanten Rührerdrehzahl von n = 300 U/min. Für die Untersuchungen zum Einfluß der Rehydratationsbedingungen auf die Bildung der Aluminiumhydroxide wurden Ausgangsmaterialien mit nahezu gleicher Korngrößenverteilung bei einem konstanten Feststoff-/Flüssigkeits-Verhältnis von 1:40 bis 1:5 eingesetzt und die Versuchsbedingungen in folgenden Bereichen variiert: $20°C < \vartheta_{RH} < 170°C$, $2\ min < t_{RH} < 7\ d$, $1 < pH_A < 10$, Art und Konzentration fremdioniger Zusätze (z. B.: NO_3^-, CH_3COO^-).

2.1.2.4. Charakterisierung der Ausgangsstoffe, Zwischen- und Endprodukte

Mit Hilfe der folgenden Methoden wurden die charakteristischen strukturellen und texturellen Eigenschaften der Feststoffproben ermittelt:

- *Röntgendiffraktometrie* ("HZG-4", Freiberger Präzisionsmechanik):
  qualitative Phasenzusammensetzung, quantitative Bö-Bestimmung, Fehlordnungs- bzw. Defektstruktur
- *IR-Spektroskopie* ("Specord IR 75", Carl Zeiss Jena), *DTA- und DTG-Messungen* ("Derivatgraph", Ungarische optische Werke MOM, Budapest):
  qualitative und quantitative Phasenzusammensetzung (Hy, By, Bö).
- *^{27}Al-MAS-NMR-Spektroskopie* ("Brucker MSL 400"; 104,3 MHz; MAS-Frequenz = 5,5 KHz; Standard: $AlCl_3$-Lösung; Spektrensimulation mittels des Programms "POWDER" (MÜLLER; HEIDEMANN):
  qualitative Beschreibung der Al(III)-Ionen-Koordination, insbesondere der $Al^{[V]}$-Anteile.
- *Transmissionselektronenmikroskopie* ("BS 500", TESLA):
  Teilchengröße und -form.
- *Stickstoff-Tieftemperatur-Adsorption-Desorption:*
  Beschreibung der Porenstruktur (Porengrößenverteilung und -form), Bestimmung der spezifischen Oberfläche mittels *"BET-Einpunktmethode"*.

2.1.3. Ergebnisse und Diskussion

2.1.3.1. Einfluß der Natur und Provenienz teilkristalliner bzw. röntgenamorpher Aluminiumoxide sowie der Rehydratationsbedingungen auf die Böhmitbildung

Aus Bild 1 sowie den Tabellen 1 und 2 sind die präparativen Möglichkeiten zu entnehmen, die in Abhängigkeit von den Feststoffeigenschaften der zur Verfügung stehenden Rohstoffe (z.B.: Hy I und Hy III) zu einer gezielten Einstellung der erforderlichen Struktur- und Gefügedefekete der teilkristallinen bzw. röntgenamorphen Al_2O_3-Feststoffe führen.

Weiterhin ist zu ersehen, daß diese Produkte infolge der ausgeprägten strukturellen und texturellen Besonderheiten (z.B.: hohe röntgenamorphe und $Al^{[V]}$-Anteil sowie das Vorhandensein kleinster Teilchen mit kanalförmigen, beiderseits geöffneten Poren), wie sie auf technisch relevantem Wege vor allem durch Schock- bzw. Kurzzeitcalcination von sehr feinteiligen und morphologisch nahezu einheitlichen Hydrargillitpartikeln zugänglich sind, weitestgehend in einen feinfaserigen Böhmit überführt werden können, aus dem die Na^+-Ionen günstig auswaschbar sind [13, 14].

Die Ergebnisse zur Charakterisierung der Rehydratationsprodukte, die auf der Grundlage von Al_2O_3-Übergangsformen unterschiedlicher Phasenzusammensetzung, Kristallinität und Textur im Vergleich zu einem völlig r.a. Al_2O_3 erhalten wurden, sind in Tabelle 3 und Bild 4 aufgeführt.

Langzeitcalcinationsprodukte

Aus diesen Resultaten ist zu schlußfolgern, daß die Rehydratation der durch Langzeitcalcination entsprechender Aluminiumhydroxide erhaltenen Al_2O_3-Übergangsformen γ- und χ-Al_2O_3 im Unterschied zu einem völlig r.a. Al_2O_3 unter den gewählten *Rehydratationsbedingungen* (bei *Normaldruck*) erst nach einer Zeitdauer von einem bzw. mehreren Tagen nachweisbar zum partiellen Entstehen von Bayerit, aber keinesfalls von Böhmit geringer Kristallinität führt (vgl. Bild 4a: Reaktion 2).
In guter Übereinstimmung mit den Ergebnissen anderer Autoren (z.B.: POHL [26]) sollte dem γ-Al_2O_3 im Vergleich zum χ-Al_2O_3 eine erhöhte Bildungsgeschwindigkeit für Bayerit zuzuschreiben sein.

Nach einer *Rehydratationsdauer von 1 h* ist *weder für γ- noch für χ-Al_2O_3* auf röntgenographischen, IR-spektroskopischen und thermoanalytischen Wegen ein *partieller Umsatz* der Feststoffpartikeln unter der Bildung von Böhmit und/oder Bayerit *nachweisbar* (vgl. Tabelle 3 und Bild 4a).

Im Unterschied zu den kristallineren Al_2O_3-Tieftemperaturformen weist das durch Langzeitcalcination eines Kristallhydrates der Zusammensetzung:
$AlCl_3 \cdot 6\ H_2O$ erhaltene r.a. Al_2O_3 unter ansonsten gleichen Versuchsbedingungen erwartungsgemäß eine signifikant höhere Rehydratationsgeschwindigkeit auf. Diese sollte neben allen anderen Faktoren vor allem von der ausgeprägten Fehlordnungsstruktur des r.a. Al_2O_3 bestimmt werden, die auch durch entsprechende Anteile an 5fach koordinierten Aluminium(III)-Ionen gekennzeichnet ist, was an dem für die "AlO_5-Baugruppen" typischen Signal bei $\delta \approx 35$ ppm in dem entsprechenden ^{27}Al-MAS-NMR-Spektrum in gutem Einklang mit anderen Autoren [42, 43] nachgewiesen wurde [13].

Tabelle 3. **Zum Einfluß der Feststoffeigenschaften von teilkristallinen bzw. röntgenamorphen Aluminiumoxiden unterschiedlicher Herstellungsart auf deren Rehydratationsverhalten**

Art der therm. Zerset-zung	*Struktur- und Gefügedefekte*				*Reaktionsfähigkeit*							
						Rehydratation[3)]						
	Al_2O_3-RPZ	r.a. Anteil	Al-Koordination	Porenstruktur S in m^2/g	L_{NaOH} in Ma.-%	$X_{Bö}$ 1 (3)	$X_{Bö}$ 24	$X_{Bö}$ 168h	X_{By} 1(3)	X_{By} 24	X_{By} 168h	Morphologie
LC	γ-Al_2O_3	(zunehmend)	nur $Al^{[IV]}$ + $Al^{[VI]}$	Poren vom "ink-bottle"-Typ (E) vorherrschend: 150 < S < 350	5	- (30)	-	-	- (-)	6	19	> Agglomerate
	χ-Al_2O_3				8	- (10)	-	-	- (8)	3	6	Agglomerate versch. Formen und Größe (Nadeln in Randbereichen)
KC	χ-/(γ)-Al_2O_3				40	16 (64)	14	10	- (4)	3	6	
KC[1)]	...χ^*-,γ^*-Al_2O_3		... + $Al^{[V]}$	meist beiderseits offene, kanalf. Poren (Typ A) S < 120 !	95 (52)[2)]	35 (100)	38	34	- (-)	-	3	Kugelartige, faser- und nadelförmige Partikeln
LC	r.a. Al_2O_3		...+ $Al^{[V]}$			100	100	98	-	-	2	(Kugeln), feine Fasern, Nadeln

[1)] Verfahrensvarianten I, II und III möglich (vgl. Bild 1)

[2)] L_{NaOH} : Lösbarkeit der Partikeln in 5 N NaOH (2,5 N NaOH) bei 60 °C in 30 min

[3)] RH-Bedingungen: 1. ϑ_{RH} = 20 °C; pH_A = 7,0; FG = 25 g/l; 1 h < t_{RH} < 168 h (Angaben in Ma.-%/bezogen auf Al_2O_3)
(2. ϑ_{RH} = 150 °C; pH_A = 1,5; FG = 25 g/l; t_{RH} = 3 h)

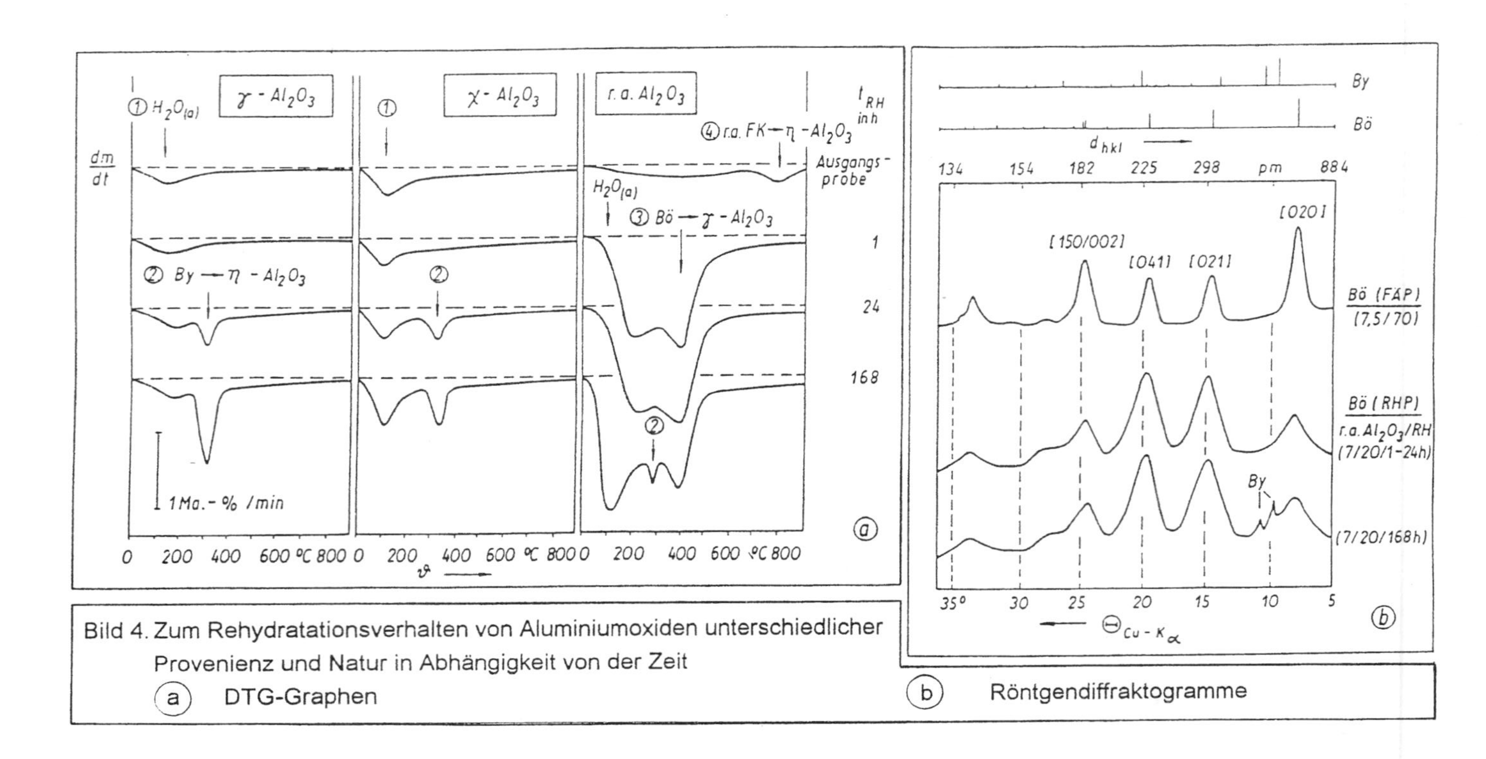

Bild 4. Zum Rehydratationsverhalten von Aluminiumoxiden unterschiedlicher Provenienz und Natur in Abhängigkeit von der Zeit

(a) DTG-Graphen

(b) Röntgendiffraktogramme

Bereits nach einer sehr kurzen *Rehydratationszeit von ca. 1 h* sind die *r.a. Al_2O_3-Partikeln vollständig in* einen *Böhmit geringer Kristallinität* (Pseudoböhmit) umgewandelt, was z.B. in den entsprechenden Röntgendiffraktogrammen der Proben anhand der Linienverbreiterung der für Böhmit typischen Interferenzen zum Ausdruck kommt (s. Bild 4b):

Bei einem Vergleich der auf diesem Wege erhaltenen teilkristallinen Böhmite mit denen, die durch Fällung aus entsprechenden sauren und basichen aluminiumhaltigen Lösungen gebildet wurden, sind insbesondere Unterschiede in der Intensität der [041]- und [021]-Interferenzen zu beobachten. Dies deutet auf gewisse Veränderungen in der Kristallstruktur und Morphologie der Böhmite hin, wobei die Rehydratationsprodukte mehr gelartige Böhmitanteile (z.B. auch in Form von kugelfömigen Partikeln sehr kleiner Abmessungen) unter den gewählten Bedingungen aufweisen.

Die Ergebnisse der an verschiedenen Böhmiten bzw. böhmitischen Materialien unter quasi-isothermen Bedingungen im dynamischen Aufheizregime verfolgten Feststoffreaktion der Umwandlung des im Rehydratationsprozeß entstandenen Böhmits in γ-Al_2O_3 (s. Bild 4a, Reaktion 3) bestätigen die mit Hilfe der Röntgendiffraktometrie, IR-Spektroskopie und Elektronenmikroskopie erhaltenen Aussagen:
So beginnt die γ-Al_2O_3-Bildung bereits bei Temperaturen von ca. 320 °C und erreicht bei ca. 410 °C ein Maximum. *Im Vergleich zu* den *gut kristallinen Böhmiten, die* auf der Grundlage selbiger Ausgangsstoffe *unter hydrothermalen Rehydratationsbedingungen* (bis zu einem Böhmitanteil von ca. 30 Ma.-% auf der Basis von γ- oder χ-Al_2O_3 bzw. von ca. 100 % Ma.-% auf der Basis von r.a. Al_2O_3 bzw. χ^*- und/oder γ^*-Al_2O_3 enthaltenen Feststoffen) *zugänglich* waren (vgl. Tabelle 3 und BERGER [34]), sind diese Umwandlungstemperaturen um ca. 100°C zu niedrigeren Werten hin verschoben. Diese Untersuchungsergebnisse stehen auch in guter Übereinstummung mit denen von GLINKA et al. [44] und solchen, die auf der Basis von gefällten gelartigen bzw. geringkristallinen Böhmiten erhalten wurden [2, 4, 9, 10].

Nach einer *Rehydratationsdauer von 7 Tagen* ist keine weitere Zunahme der Kristallinität der Produkte zu beobachten.

In Analogie zu den Fällungs- und Alterungsvorgängen von Böhmithydrogelen [2, 3, 9, 10] sollte bei der Rehydratation von r.a. Al_2O_3-Partikeln unter den gewählten Reaktionsbedingungen die Keimbildung mit vergleichsweise höherer

Geschwindigkeit gegenüber deren Wachstum erfolgen, wobei die Kristallisation der gelartigen Aluminiumhydroxide bei nur 20 °C insgesamt sehr langsam verlaufen sollte. DZIS`KO [2], SAITO et al. [45], sowie HUANG und KONO [28] beobachteten bei der Untersuchung von Alterungsvorgängen amorpher Feststoffe in wäßrigen Lösungen sowie von Formkörpern bei deren Wasserdampfbehandlung ebenfalls eine derart hohe Bildungsgeschwindigkeit für Böhmit.

Im Unterschied zum Entstehen von Bayerit, der sich vor allem im Ergebnis des Transports von Hexaquo-Al(III)- bzw. von mehrkernigen Al(III)-Ionen über die Lösungsphase und das anschließende Wachsen der Kristallkeime vollziehen sollte, ist die Bildung von Böhmit (Keimen) z.B. in Anlehnung an die Arbeiten von DELLA GATTA et al. [38] durch die Chemisorption der H_2O-Moleküle über die dehydroxylierte Al_2O_3-Oberfläche unter fortschreitender Hydroxylierung des O^{-2}-Teilgitters in einem zweistufigen Prozeß denkbar.

Für das bevorzugte Entstehen von Böhmitanteilen im Ergebnis der Rehydratationsreaktion röntgenamorpher Aluminiumoxide im Vergleich zu den kristallineren Al_2O_3-Übergangsformen, γ- und χ-Al_2O_3, sollte eine erhöhte H_2O-Chemisorptionskapazität des r.a. Al_2O_3 infolge seiner ausgeprägteren Fehlordnungsstruktur verantwortlich sein, wofür im folgenden Abschnitt weitere Beweise aufgeführt sind.

Schock- bzw. Kurzzeitcalcinationsprodukte

Die Schock- bzw. Kurzzeitcalcination von Hydrargillitpartikeln größerer Abmessungen (d_K > 20 µm) und unterschiedlichster Teilchenform (wie z.B.: durch Hy I, in Tabelle 1 verkörpert) führt unter vergleichbaren Bedingungen (s. Tabelle 2) zu einem teilkristallinen *χ-/(γ)-Al_2O_3-Gemisch mit r.a. Feststoff-anteilen,* die jedoch entsprechenden ^{27}Al-MAS-NMR-spektroskopischen Untersuchungen zufolge *nur tetraedrisch und oktaedrisch koordinierte Al(III)-Ionen* in ihrem Feststoffgerüst aufweisen.

Diese oberflächenreichen Aluminiumoxide (mit meist S > 200 m^2/g) besitzen infolge der sehr schnellen Entwässerung der äußeren Hülle des Hydrargillitkorns und des im Innern der Partikeln unter hydrothermalen Bedingungen gebildeten Böhmits *hauptsächlich* einseitig geschlossene *Poren vom "ink-bottle"-Typ*

[13, 14], *so daß* die *Rehydratation* unter analogen Bedingungen *nur unvollständig in* den *Partikelrandbereichen,* d.h. auf der äußeren bzw. zugänglichen inneren Oberfläche erfolgt, da die Teilchen selbst nur in geringem Maße einer weiteren Dispergierung unterliegen.

Wie aus der Tabelle 3 ersichtlich, bewirkt jedoch die in jedem Falle *im Vergleich zu* einem *phasenreinen* γ*- oder* χ*-*Al_2O_3 ausgeprägtere Defektstruktur derartiger χ*-/(*γ*)-*Al_2O_3*-Gemische* eine *höhere Rehydratationsreaktivität,* d.h., eine unter vergleichbaren Bedingungen verstärkte Neigung zur Bildung von feinfaserigem Böhmit, wobei keine so hohen Böhmitgehalte in derartigen Rehydratationsprodukten resultieren, wie sie auf der Basis von r.a. Al_2O_3 (ca. 100 Ma.-% Böhmit) erhalten wurden (vgl. Tabelle 3 und 4).

Bereits *nach* einer *Rehydratationszeit von 10 min bis zu 1 h sind* unter den gewählten Bedingungen *die röntgenamorphen Festkörperanteile* der Thermoschockprodukte *in* einen *gelartigen bzw. teilkristallinen Böhmit umgewandelt,* wobei nach 24 h bereits geringe Mengen an Bayerit in den Reaktionsprodukten nachzuweisen sind [13, 22, 23, 25]. Diese partielle Umwandlung der Schock- bzw. Kurzzeitcalcinationsprodukte in Bayerit mit fortschreitender Reaktionszeit sollte einerseits auf Folgereaktionen im Sinne der Alterung von Aluminiumoxidhydroxiden und andererseits durch das Vorhandensein von teilkristallinen χ-/(γ)-Al_2O_3-Anteilen im Ausgangsmaterial begründet sein.

Um eine hohe Reaktionsfähigkeit der Schock- bzw. Kurzzeitcalcinationsprodukte von Hydrargillit in einer wäßrigen Suspension (d.h., einen möglichst hohen Umwandlungsgrad der überwiegend teilkristallinen Al_2O_3-Feststoffe in einen feinfaserigen Böhmit) unter atmosphärischen Bedingungen erzielen zu können, ist es einerseits notwendig, solche Ausgangsmaterialien einzusetzen, die sich durch die bereits aufgezeigten strukturellen und texturellen Besonderheiten auszeichnen und andererseits, die Reaktionsbedingungen während des Rehydratationsprozesses auf die genannten Feststoffeigenschaften entsprechend abzustimmen.

Die *Präpatation* derartiger *hochreaktiver Einsatzsstoffe* ist auf folgenden Wegen möglich (vgl. Bild 1):

- Schock- bzw. Kurzzeitcalcinieren von sehr feinteiligem Hydrargillit nahezu einheitlicher Morphologie und hoher Kristallinität (Weg I in Bild 1, "Hy III", s. Tabelle 1) unter Bildung eines überwiegend teilkristallinen γ^*-/χ^*-Al_2O_3 (vgl. Bild 3, "HyIII-KC");

- Mechanische Aktivierung und anschließende Schock- bzw. Kurzzeitcalcination des partiell amorphisierten Hydrargillits (Weg II in Bild 1, z.B.: "HyI-MA/KC") unter Bildung eines überwiegend teilkristallinen χ^*-Al_2O_3-enthaltenden Festkörpers (vgl. Bild 5);
- Thermoschockbehandlung von Hydrargillit heterogener Morphologie und hoher Kristallinität ("Hy I", s. Tabelle 1) unter amorphisierenden Bedingungen, wobei die Festkörperpartikeln nur partiell in ein Al_2O_3 hoher Reaktivität überführt und anschließend einer mechanischen Behandlung unterzogen werden (Weg III in Bild 1, z.B.: "HyI-KC/MA").

Vergleichende Betrachtungen *zum Rehydratationsverhalten von χ^*- und/oder γ^*-Al_2O_3 enthaltenden Festkörpern, die auch durch eine aufeinander abgestimmte Kombination einer mechanisch/thermischen und thermisch/ mechanischen Aktivierung von Hydrargillit herstellbar* sind ("HyI-MA/KC(RRI)" und "HyI-KC.../MA..."), mit denen, die lediglich durch Kurzzeitcalcination von *grobkörnigem* Hydrargillit (z.B.: "HyI-KC...") oder mittels einer weniger intensiv erfolgten mechanischen Vorbehandlung (z.B.: "HyI-RSM/KC...") erhalten wurden, lassen deutliche Unterschiede in den charakteristischen Feststoffeigenschaften erkennen (besonders in der Primär- und Sekundärstruktur, der integralen Gitterfehlordnung - einschließlich der Koordination der Al(III)-Ionen sowie der Reaktivität der Partikeln (vgl. Tabelle 3 und Bild 5).

Die genannten Merkmale beeinflussen in ihrer Gesamtheit (wie bereits gezeigt) entscheidend die Reaktionsfähigkeit der teilkristallinen Feststoffteilchen im wäßrigen System, wie dies auch eine Gegenüberstellung der DTA-Kurven der Schock- bzw. Kurzzeitcalcinations- ("HyI-MA/KC", s. Bild 5a) und der entsprechenden Rehydratationsprodukte ("HyI-MA/KC/RH", s. Bild 5b) auf der Basis eines intensiv mittels einer Scheibenschwingmühle (SSM) mechanisch aktivierten Hydargillits zum Ausdruck bringt:
Proportional zu der in die Hydrargillitpartikeln eingetragenen Menge an mechanischer Energie sind insgesamt gravierende Veränderungen der Feststoffeigenschaften nachweisbar [13, 33, 46-48].

Auch im Ergebnis einer unter den gegebenen Bedingungen gezielt durchgeführten Schock- bzw. Kurzzeitcalcination derartig vorbehandelter Feststoffteilchen weisen die teilkristallinen bzw. nahezu röntgenamorphen Al_2O_3-Partikeln deutlich abgestuft (als Funktion der Art und Intensität der eingebrachten mechanischen Energie) Besonderheiten in ihren Struktur- und Gefügedefekten verbunden mit einer entsprechend höheren Rehydratationsreaktivität auf:

So führt eine zunehmende Scherbeanspruchung der Hydrargillitpartikeln in einer Scheibenschwingmühle (vgl. z.B.: "...SSM5/..." und "...SSM60/...") zu einem proportionalen Anstieg der amorphen (vgl. Bild 5a: DTA-Kurven/ Reaktion 3) und $Al^{[V]}$-Anteile [13] in den Schock- bzw. Kurzzeitcalcinationsprodukten. In Verbindung mit deren entsprechend nachweisbaren texturellen Veränderungen bewirkt die Rehydratation derartiger Feststoffe einen symbaten Verlauf der Bildung von Aluminiumhydroxiden (insbesondere Böhmit) in den Rehydratationsprodukten (vgl. Bild 5 b: DTA-Kurven/Reaktion 4 mit Bild 5c). Unter den gewählten Reaktionsbedingungen entstehen jedoch mit einer zunehmenden Destrukturierung der Feststoffpartikeln bereits geringfügige Anteile an Bayerit (vgl. Bild 5 c).

Die umfangreichen Untersuchungsergebnisse führten zu dem Nachweis, daß die hohe *Rehydratationsreaktivität der* χ**- und/oder*γ**-*Al_2O_3 enthaltenden Feststoffpartikeln nicht nur eine alleinige *Folge* des intensiven Einbringens mechanischer Energie (z.B. mittels der Scheibenschwingmühle) vor dem Schock- bzw. Kurzzeitcalcinieren des Hydrargillits darstellt, sondern vor allem auf die schwer voneinander zu separierenden Merkmale *der* sich komplex verändernden *Fehlordnungs- und Gefügestruktur der Feststoffteilchen insgesamt* zurückzuführen ist [13].

Unter den während der Rehydratation gleichartig gewählten Bedingungen waren Feststoffe zugänglich, die in Abhängigkeit von der Art und Intensität der mechanischen Vorbehandlung der Hydrargillitpartikeln zunehmende Mengen an Böhmit faser- bzw. nadelartiger Morphologie bis zu maximal 64 Ma.-% enthielten (vgl. Tabelle 4).

2.1.3.2. Zum Mechanismus der Rehydratation teilkristalliner Aluminiumoxide

Im Zusammenhang mit der Interpretation der experimentellen Ergebnisse zum Rehydratationsverlauf wurden im vorangegangenen Kapitel bereits Vorstellungen zu diesem Themenkomplex entwickelt. In Verbindung mit den im Bild 2 dargelegten Modellvorstellungen sind folgende *Verallgemeinerungen* abzuleiten:

- Die *Richtung und Geschwindigkeit* der während *der Rehydratation* zwischen den teilkristallinen bzw. röntgenamorphen Aluminiumoxiden und dem wäßrigen Medium in komplexer Weise ablaufenden Reaktionen werden in einem entscheidenden Maße von der *Phasenzusammensetzung* und

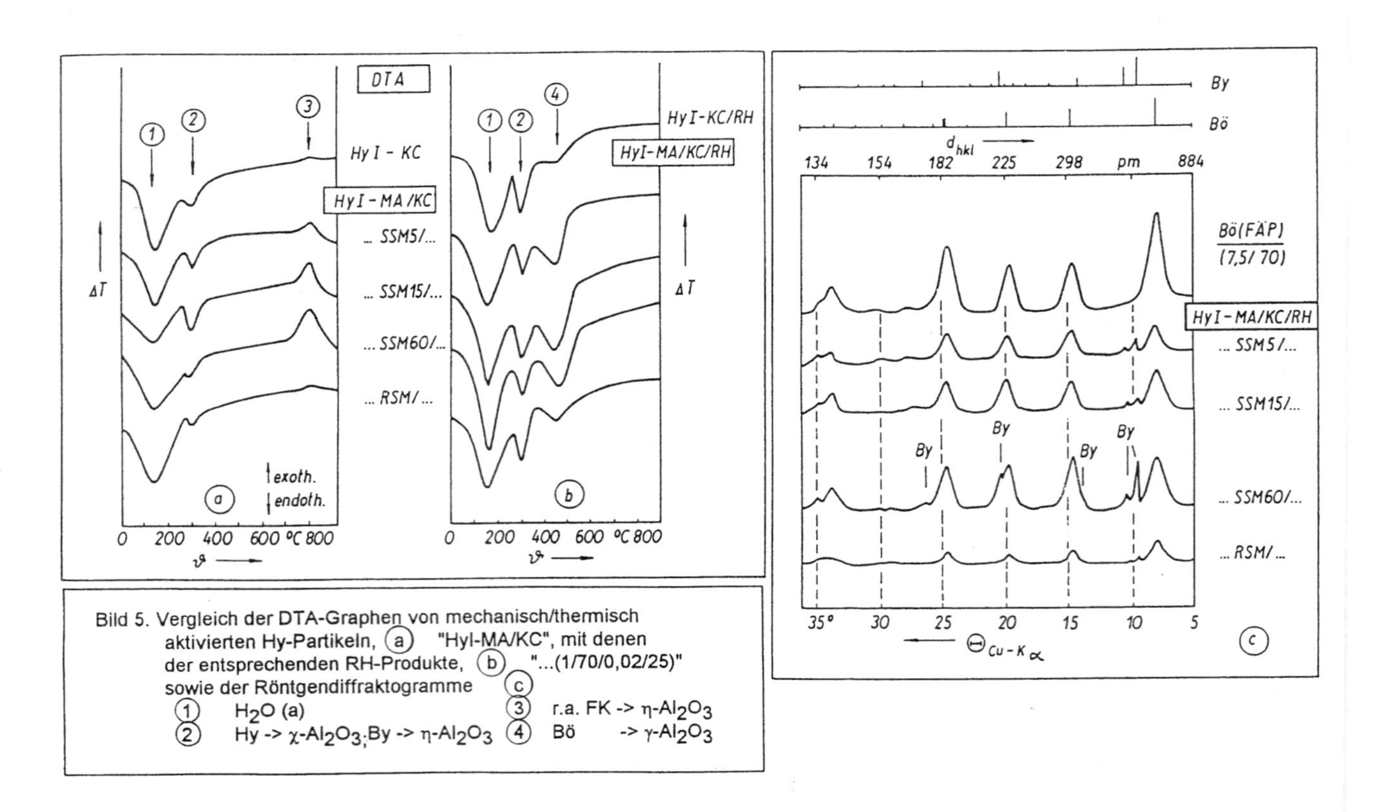

Bild 5. Vergleich der DTA-Graphen von mechanisch/thermisch aktivierten Hy-Partikeln, (a) "HyI-MA/KC", mit denen der entsprechenden RH-Produkte, (b) "...(1/70/0,02/25)" sowie der Röntgendiffraktogramme (c)

(1) H_2O (a)
(2) Hy -> χ-Al_2O_3; By -> η-Al_2O_3
(3) r.a. FK -> η-Al_2O_3
(4) Bö -> γ-Al_2O_3

Kristallinität der Al_2O_3-Festkörperpartikeln sowie den *Bedingungen selbst* (insbesondere Temperatur, Zeit, Ausgangs-pH-Wert und Feststoffgehalt) bestimmt (vgl. auch [49]).

Ferner üben die aus der Kornfeinheit und -form des Ausgangshydrargillits (vgl. Tabelle 1) im Prozeß der Schock- bzw. Kurzzeitcalcination resultierenden besonderen Struktur- und Gefügedefekte der Feststoffpartikeln insgesamt (z.B.: die r.a. und $Al^{[V]}$-Anteile sowie die meist kanalförmigen an beiden Seiten offenen Poren) einen dominierenden Einfluß auf den Rehydratationsverlauf aus.

- Die langjährig (auch in Zusammenarbeit mit ZOLOTOVSKIJ) erzielten Ergebnisse [15, 22, 23, 33, 34, 48], die in guter Übereinstimmung mit den von HUANG und KONO [28] veröffentlichten Resultate stehen, gestatten eine Gliederung des Rehydratationsprozesses von nahezu r.a. Al_2O_3-Partikeln in folgende Teilschritte:

  - Adsorption der H_2O-Moleküle an der äußeren und zugänglichen inneren Oberfläche der Partikeln (bzw. äußeren Phasengrenzfläche)
  - Fortschreiten der Diffusion in das Teilcheninnere (abhängig von der Porenstruktur bzw. -form und Teilchengröße bzw. -form)
  - Ablauf von Ionenaustauschvorgängen (nachweisbarer pH_A-Anstieg auf Werte zwischen 9 und 10)
  - Ansteigen der OH^--Konzentration (Abnahme der Oberflächenladung der Partikeln); Reaktion der OH^--Ionen mit hochreaktiven Stellen des besonders ausgeprägten χ^*- und/oder γ^*-Al_2O_3-Defektgitters unter Bildung von Gelschichten (bzw. weiterer Aquo-hydroxo-Komplexe der Al(III)-Ionen, wie z.B.: Clusterbildung unterschiedlicher Größe ausgehend von $[Al(H_2O)OH]^{2+}$ nach WEFERS und BELL [1] an der Oberfläche (d.h. auch im Innern des Partikelgefüges je nach Zugänglichkeit, abhängig von der Teilchengröße und Porenstruktur)
  - Weiteres Dispergieren bzw. partielles Auflösen der Partikeln im Rehydratationsverlauf
  - Schnelle Bildung von Böhmitkeimen in der Suspension (unter den gegebenen Bedingungen), die weiter wachsen und in der Mutterlauge durch Alterung in Bayerit übergehen können ("Löse-Fäll-Vorgänge").

- Um auf kürzestem Wege unter atmosphärischen Bedingungen eine nahezu vollständige Umwandlung teilkristalliner bzw. r.a. Al_2O_3-Partikeln in einen natriumarmen Böhmit feinfaseriger Natur im Prozeß der Rehydratation erreichen zu können, ist es notwendig, sehr kleine ($d_K^{50} < 1$ µm) und in ihrer Form relativ einheitliche Hydargillitpartikeln derartig schockartig bzw. kurzzeitig thermisch zu zersetzen, daß Feststoffe mit möglichst hohen Anteilen an χ^*- und/oder γ^*-Al_2O_3 entstehen, die die bereits aufgezeigten besonderen Struktur- und Gefügedefekte verbunden mit hoher Reaktionsfähigkeit aufweisen [13, 14].

2.2. Feststoffeigenschaften von Böhmit bzw. böhmitreichen Aluminiumhydroxiden

Die charakteristischen Feststoffeigenschaften der auf unterschiedlichen Wegen hergestellten Böhmite bzw. böhmitreichen Aluminiumhydroxide sind in der Tabelle 4 gegenübergestellt:

So weisen die unter analogen Bedingungen im diskontinuierlichen Regime im Labormaßstab erhaltenen Rehydratationsprodukte mit fortschreitendem Umwandlungsgrad vergleichbare physikalische und chemische Eigenschaften (z.B.: bezüglich der Phasenzusammensetzung, Morphologie und Textur) auf, wie dies auch für einen bei entsprechenden Bedingungen gefällten feinfaserigen Pseudoböhmit zutreffend ist.

Hervorzuheben ist, daß *auf der Basis von* Schock- bzw. Kurzzeitcalcinationsprodukten der Reihe *"Hy III-KC"* (d.h., ohne eine mechanische Vor- und/oder Nachbehandlung der Partikeln) im Ergebnis der Rehydratation unter den gewählten Bedingungen (bei Normaldruck) *faser- bzw. nadelförmige* (miteinander verfilzte) *böhmitreiche Materialien* mit einem Anteil von *80-95 Ma.-% Böhmit* entstehen, deren Oberflächengröße in Analogie zu einem Pseudoböhmit ca. 300 m^2/g beträgt. Die elektronenmikroskopisch bestimmten Teilchenformen und mittleren -größen werden mit zunehmendem Böhmitanteil in den Rehydratationsprodukten denen der gefällten Böhmite immer ähnlicher (vgl. Tabelle 4 sowie die Bilder 6 - 10).

In Abhängigkeit von der Wahl der Herstellungsbedingungen sind die morphologischen und texturellen Eigenschaften der Böhmite in weiten Grenzen einstellbar [13, 27].

Tabelle 4. Charakteristische Festkörpereigenschaften von unterschiedlich hergestellten böhmitreichen Feststoffen im Vergleich zu einem phasenreinen Pseudoböhmit

Charakter. Eigenschaften / Probe (Herstellung)	$Bö_{FÄP}$ [1]	$Bö_{RHP}$ von tkr/r.a.Al_2O_3	
		HyI - MA/KC/RH od. - KC/MA/RH	**HyIII - KC/RH**
Röntgenographische Phasenzusammensetzung	**100 % Bö** (swk)	**60-75 % Bö**, ((By)) [2] (swk/sgk)	**80-95 % Bö** [2] (swk)
Teilchenform- und größe	feine Fasern (vgl. Bild 6)	...nadelf. Partikel, z.T. Fasern an der Oberfläche von Plättchen u./o. porösen Partikeln (vgl. Bild 10)	feinfaserige Partikeln (z.T. verfilzt) (vgl. Bild 7-9)
$\bar{l}$ in nm	10-30	25-300	12-50
$\bar{d}$ in nm	3-4	5-10	3-6
s in m²/g	260-280	230-300	290-320
$\bar{r}_p$ in nm	1,8	2,0	1,9

(Vergleichbare Gehalte: $Na_2O \leq 0{,}02$ Ma.-%; $Fe_2O_3 < 0{,}10$ Ma.-%/bezogen auf Al_2O_3)

---

1) $Bö_{FÄP}$: Fällung aus den Lösungen von $Na[Al(OH)_4]$ und $Al(NO_3)_3$; anschließende Alterung [10]

2) Bö-Gehalte bezogen auf eine Standardprobe $Bö_{FÄP}$

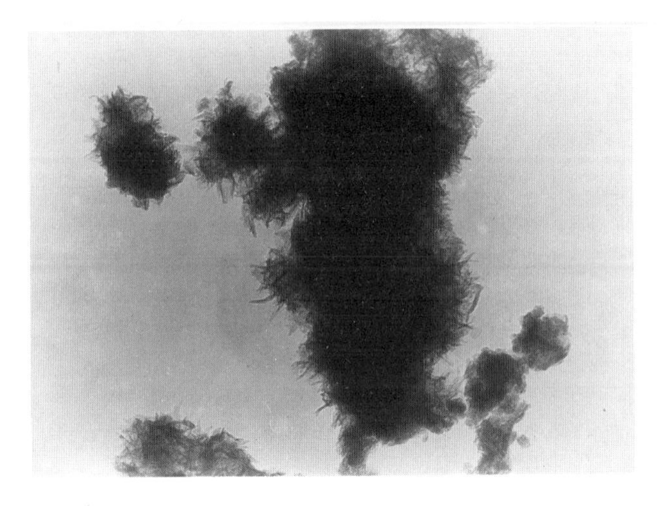

(Vergrößerung: 18000•1,5)

Bild 6. Elektronenmikroskopische Aufnahme eines Fällungsböhmits

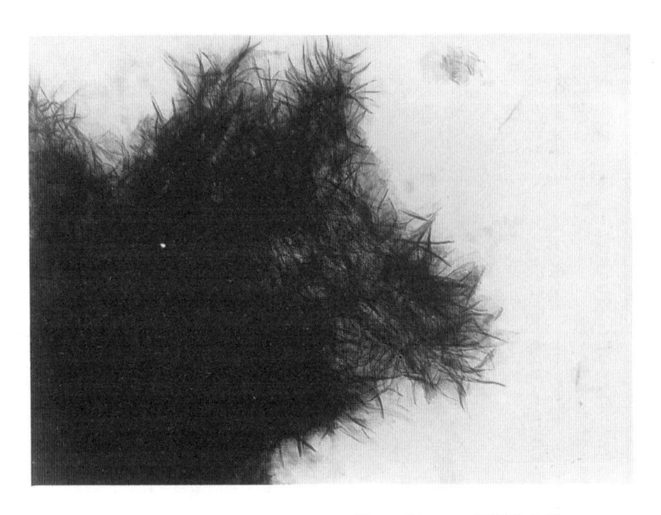

(Vergrößerung: 32000•1,5)

Bild 7. Elektronenmikroskopische Aufnahme eines böhmitreichen Aluminiumhydroxids ("HyIII-KC:RRII/RH(1/70/0,02/25)")

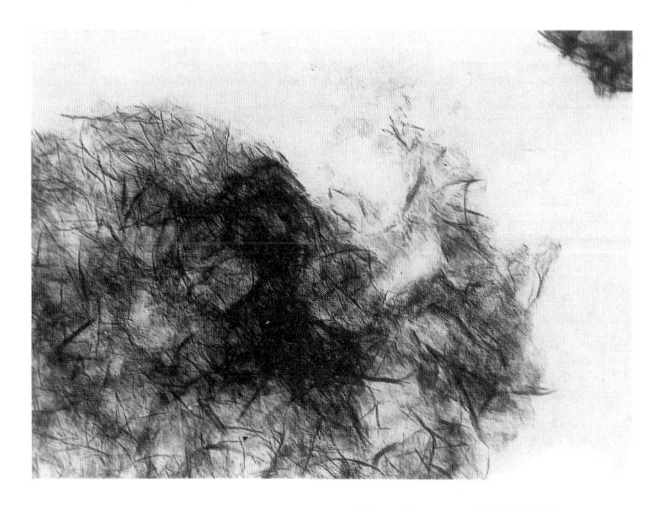

(Vergrößerung: 44000•1,5)

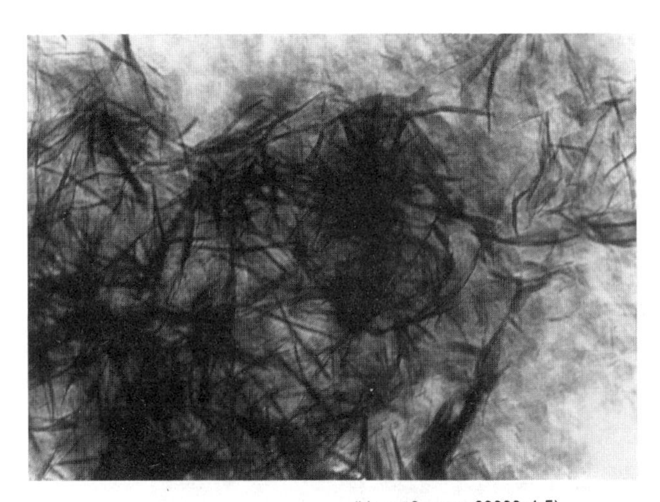

(Vergrößerung: 60000•1,5)

Bild 8. Elektronenmikroskopische Aufnahmen eines böhmitreichen Aluminiumhydroxids ("HyIII-KC:RRII/RH(1/70/0,02/25)")

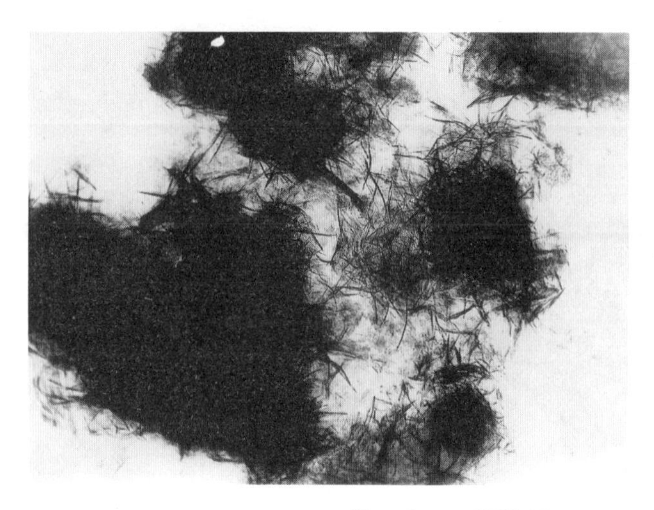

(Vergrößerung: 32000•1,5)

Bild 9. Elektronenmikroskopische Aufnahme böhmitreicher Aluminiumhydroxidpartikeln ("HyIII-KC:RRI/RH (vgl. Bild 8)")

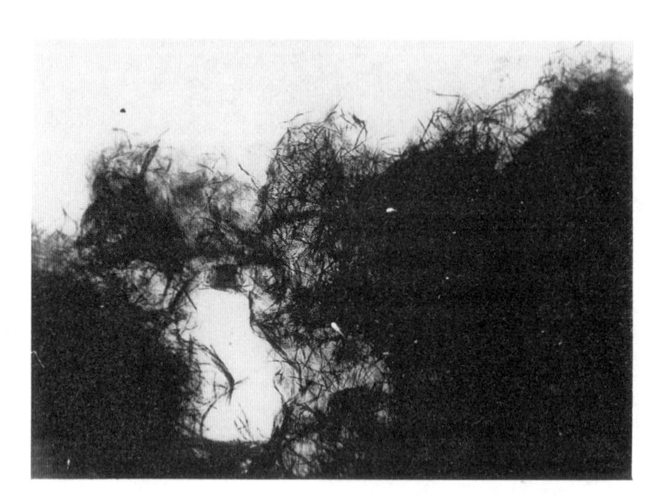

(Vergrößerung: 32000•1,5)

Bild 10. Elektronenmikroskopische Aufnahme eines böhmitreichen Aluminiumhydroxids ("HyI-SSM60-KC:RRI/RH (vgl. Bild 8)")

3. Zusammenfassung und Ausblick

Die Resultate bringen den allgemeinen *Zusammenhang zwischen den Feststoffeigenschaften* der Rohstoffe (in diesem Falle der Hydrargillitpartikeln) *und den* auf das hohe Reaktionsvermögen der teilkristallinen bzw. r.a. Vor- bzw. Zwischenprodukte *abgestimmten Bedingungen in den jeweiligen Stufen des Herstellungsprozesses* (Rohstoffgewinnung, -aufbereitung, Schock- bzw. Kurzzeitcalcination, evtl. Nachbehandlung) klar zum Ausdruck:

Je ausgeprägter vor allem die Struktur- und Gefügedefekte der Thermoschockprodukte sind (d.h., je höher die Anteile an 5fach koordinierten Al(III)-Ionen bzw. röntgenamorphen Feststoffpartikeln oxidischer und/oder hydroxidischer Natur), um so größer ist die Möglichkeit, bei entsprechender Wahl der Rehydratationsbedingungen böhmitreiche Materialien feinfaseriger Morphologie zu gewinnen, aus denen die Alkalimetallionen bis auf Na_2O-Gehalte von weniger als 0,02 Ma.-% auswaschbar sind [13].
Sowohl die morphologischen und texturellen *Feststoffeigenschaften* der auf diesem Wege erzielten Böhmite als auch die Phasenzusammensetzung der Partikeln (im Hinblick auf die Bildung von Böhmit-Bayerit-Gemischen) *lassen sich gezielt einstellen.*

Weiterführende Untersuchungen [13] belegen, daß es *möglich* ist, *auf einem reagenzien- und abproduktarmen Wege alternativ zu natriumarmen böhmitreichen Feststoffen zu gelangen, die* nachweislich ein gutes *Peptisations- und Formungsverhalten aufweisen.*

So lassen sich derartige böhmitreiche Aluminiumhydroxide auf den verschiedensten Wegen (z.B.: durch Extrusion, Wirbelschichtgranulation, Sol-Gel-Formung, Tablettieren) und anschließende thermische Nachbehandlung in *aktive Al_2O_3-Formkörper unterschiedlicher Art und Größe* weiterverarbeiten, die im Vergleich mit kommerziell hergestellten Aluminiumoxiden vergleichbare und z.T. verbesserte Feststoffeigenschaften (z.B.: im Hinblick auf die Textur und mechanische Festigkeit) aufweisen. Diese sind für die eingangs genannten Anwendungsgebiete in breitem Umfang einsetzbar.

Symbol- und Abkürzungsverzeichnis

Symbol	Maßeinheit	Bedeutung
Bö		Böhmit
$Bö_{FÄP}$		Fällungsböhmit (Pseudoböhmit)
By		Bayerit
d, $\bar{d}$	µm, nm	Durchmesser, mittlerer Durchmesser
d_{hkl}	pm	Netzebenenabstand mit der Indizierung [hkl]
d_K, $d_K{}^x$	µm	Korndurchmesser, Durchgangssumme von x% der Feststoffpartikeln
dm/dt	Ma.-%/min	Massenänderungsgeschwindigkeit
dT/dt	K/h	Aufheizgeschwindigkeit
D	nm	Mittlere röntgenographische Teilchengröße
FG	g/l	Feststoffgehalt
FK		Feststoff bzw. Festkörper
FZ [hkl]		Fehlordnungszahl für eine bestimmte Netzebene (berechnet als Quotient aus der integralen Linienbreite $LB_{i,g}$ und $LB_{i,u}$ der charakteristischen Interferenz bzw. -en, ermittelt an der mechanisch gestörten und ungestörten Probe)
Hy (I, III)		Hydrargillit (unterschiedlicher Eigenschaften und Herkunft)
KC		Schock- bzw. Kurzzeitcalcinationsstufe
$\bar{l}$	nm	Mittlere Teilchenlänge
L_{NaOH}	Ma.-%	Lösbarkeit der Feststoffpartikeln in NaOH (bei folgenden Bedingungen: L(1): 5 g FK, 5 N NaOH, 60 °C, 30 min L(2): 5 g FK; 2,5 N NaOH; 60 °C; 30 min)
LC		Langzeitcalcination
m	kg, g	Masse
M		Modul (Stoffmengenverhältnis Säure/Al_2O_3)
MA		Mahlbehandlung/Mechanische Aktivierung
n	U/min	Rührerdrehzahl
PGV		Porengrößenverteilung
pH_A		Ausgangs-pH-Wert in der Suspension
r.a.		Röntgenamorpher Feststoffanteil

Symbol	Maßeinheit	Bedeutung
$\bar{r}_p$	nm	Mittlerer Porenradius
RH (...)		Rehydratationsstufe (Bedingungen), z.B.: "...RH (1h/70°C/M/FK:FL=1:4)..."
RHP		Rehydratationsprodukt
RPZ		Röntgenphasenzusammensetzung
RR (I, II)		Strömungsrohrreaktor (Labor-, Betriebsmaßstab)
RSM		Rohrschwingmühle bzw. in der RSM behandelte Hy-Partikeln
sgk		Sehr gut kristalline Feststoffanteile
swk		Sehr wenig kristalline Feststoffanteile
S	m^2/g	Spezifische Oberfläche
SSM		Scheibenschwingmühle bzw. in der SSM behandelte Hy-Partikeln
SSM(t)		z.B.: "SSM60", d.h., 60 min in der Laborscheibenschwingmühle gemahlenes Produkt
t	s,min,h	Zeitdauer des jeweiligen Vorgangs (z.B.: t_{KC}, t_{SSM}, t_{RH})
$\bar{t}_V$	s	Mittlere Verweilzeit der Partikeln in der Reaktionszone des Strömungsrohrreaktors
$\dot{V}$...	Nm^3/h	Volumenstrom der jeweiligen Komponente
x...	Ma.-%	Gehalt der jeweiligen Komponente (z.B.: $x_{Al_2O_3}$, $x_{Bö}$, x_{By})
ϑ	°C	Temperatur (z.B.: ϑ_{KC}, ϑ_{LC}, ϑ_{RH})
Θ	Grad	Beugungswinkel bzw. Glanzwinkel
ρ_o	g/cm^3	Wahre Dichte, Gerüstdichte
ρ_{Sch}	kg/l	Schüttdichte von Feststoffteilchen
δ	ppm	Chemische Verschiebung

Literaturverzeichnis

[1] WEFERS, K.; BELL, G.M.: "Oxides and Hydroxides of Aluminum", Alcoa Technical Paper No. 19 (Revision of No. 10), Alcoa Research Laboratories, Illinois, 1972

[2] DZIS'KO, V.A.: "Osnovy metodov prigotovlenija katalizatorov", Verlag "Nauka", Moskva, 1983

[3] MISRA, C.: "Industrial Alumina Chemicals", American Chemical Society, Monograph 184, Washington, 1986

[4] WEFERS, K.; MISRA, C.: "Oxides and Hydroxides of Aluminum", Alcoa Technical Paper (Revision of No. 19), Alcoa Research Laboratories, Illinois, 1987

[5] RADČENKO, E.D.; NEFJODOV, B.K.; ALIEV, R.R.: "Promyšlennye katalizatory gidrogenizacionnych processov neftepererabotki", Verlag "Chimija", Moskva, 1987

[6] HIRT, W.; JOHNSON, H.K.; WILKENING, S.; WINKHAUS, G.: "Aluminium und Magnesium" in: WINNACKER K.; KÜCHLER, L.: "Chemische Technologie" Bd. 4: Metalle, Carl Hanser Verlag, München-Wien, 1986

[7] O'CONNOR, D.J.: "Alumina Extraction from Non bauxitic Materials", Aluminium-Verlag, Düsseldorf, 1988

[8] ZIEGENBALG, S.: "Anwendung mineralsaurer Verfahren für die Tonerdegewinnung aus aluminiumhaltigen silikatischen Rohstoffen", Freib.-Forsch.-H. A653 (1981)7

[9] HILLE, J.; BOLLMANN, U.; WEINHOLD, W.; BECKER, K.; BREMER; H.; VOGT, F.; BERROUSCHOT, H.-D.: Z. Anorg. Allg. Chem. 579 (1989) 211

[10] HILLE, J.; WEINHOLD, W.; BOLLMANN, U.; BECKER, K.; BREMER, H.; VOGT, F.: Z. Anorg. Allg. Chem. 579 (1989) 221

[11] WINKHAUS, G.; BIELFELDT, K.: Aluminium 51 (1975) 631

[12] OBERLANDER, R.K.: "Aluminas for Catalysts - Their Preparation and Properties", Appl. Ind. Catal. 3 (1984) 63

[13] BOLLMANN, U.: Habilitationsschrift, TU Bergakademie Freiberg, Freiberg, 1993

[14] EP-PS 0.518.106 (VAW aluminium AG/Leuna-Werke AG), 1991

[15] BOLLMANN, U.; BECKER, K.; BERGER, H.-J.; BIRKE, P.; ENGELS, S.; GRUHN, G.; JANCKE, K.; KRAAK, P.; LANGE, R.; STEINIKE, U.: Cryst. Res. Technol. 23 (1988) 1303

[16] DE-PS 2.826.095 (IK der AdW der GUS/Novosibirsk), 1973

[17] US-PS 4.344.928 (Rhône-Poulenc Ind.), 1980

[18] TERTIAN, R.; PAPÈE, D.: J. Chim. Phys. 55 (1958) 341

[19] YAMAGUCHI, G.; WEN-CHAU, C.: Bull. Chem. Soc. Jap. 41 (1968) 348

[20] ŠKRABINA, R. A.; MOROZ, E. M.; LEVICKIJ, E. A.: Kinet. Katal. 22 (1981) 1293

[21] ŠKRABINA, R. A.; MOROZ, E. M.; KAMBAROVA, T. D.; CHOMJAKOVA, L. G.; BYSKOVA, T. G.; LEVICKIJ, E. A.: Kinet. Katal. 22 (1981) 1603

[22] MICHELMANN, C.: Diplomarbeit, Technische Hochschule Merseburg, Merseburg, 1977

[23] LÖHMER, E.: Diplomarbeit, Technische Hochschule Merseburg, Merseburg, 1985

[24] RAMPKE, T.: Diplomarbeit, Technische Hochschule Merseburg, Merseburg, 1987

[25] LUSKY, K.: Diplomarbeit, Technische Hochschule Merseburg, Merseburg, 1991

[26] POHL, K.: Habilitationsschrift, Technische Universität Dresden, Dresden 1970

[27] ZOLOTOVSKIJ, B.I.; KRJUKOVA, G.I.; BUJANOV, R.A.; UTVAK, G.S.; LOSKO, V.E.; PLJASOVA, L.M.; BALASCHOV, V.A.: Izv. Sib. Otd. Akad. Nauk SSSR, Ser. Chim. Nauk 6 (1989) 111

[28] HUANG, C.-C.; KONO, H.O.: Ind. Eng. Chem. Res. 28 (1989) 910

[29] SESTAK, J.; SATAVA, V.; WENDLANDT, W.W.: Thermochim. Acta 7 (1973) 333

[30] HEIDE, K.: "Dynamische thermische Analysenmethoden", Deutscher Verlag für Grundstoffindustrie, Leipzig, 1987

[31] FRICKE, R.; JOCKERS, U.K.: Z. Anorg. Allg. Chem. 262 (1950) 3

[32] CALVET, E.; THIBON, H.: Bull. Soc. Chim. Fr. (1954) 1343

[33] KOBELKE, J.: Dissertation, Technische Hochschule Merseburg, Merseburg, 1986

[34] BERGER, H.-J.: Dissertation, Technische Hochschule Merseburg, Merseburg, 1988

[35] GLIEMROTH, G.: Tonind.-Ztg. 87 (1963) 529

[36] FREUND, F.: Fortschr. Chem. Forsch. 10 (1968) 347; Ber. Dtsch. Keram. Ges. 44 (1967) 5

[37] PAULIK, F.; PAULIK, J.: J. Thermal. Anal. 5 (1973) 253

[38] DELLA GATTA G.; FUBINI, B.; STRADELLA, L.: J. Chem. Soc. Faraday Trans. II 73 (1977) 1040

[39] BYE, C.B.; ROBINSON, J.G.: Kolloid-Z. Z. Polym. 198 (1964) 53

[40] ENGELS, S.; BOLLMANN, U.: Wiss. Zeitschr. THLM 37 (1990) 613

[41] DE BOER, J.H.; LIPPENS, B.C.: J. Catal. 3 (1963) 38

[42] BRAND, P.; MÜLLER, D.; GESSNER, W.: Cryst. Res. Technol. 25 (1990) 951

[43] BLUMENTHAL, G.; WEGNER; G.; MÜLLER, D.; SAMSON, A.; KRANZ, G.: Z. Anorg. Allg. Chem. 576 (1989) 43

[44] GLINKA, A.; PACEWSKA, B.; MICHAILOWSKI, D.: J. Thermal. Anal. 29 (1984) 953

[45] SAITO, Y.; SHINATA, Y.; WAKAKI, I.; YAMADA, M.: Netsusokutei 5 (1978) 107

[46] ROLLE, F.: Dissertation, Technische Hochschule Merseburg, Merseburg, 1989

[47] PARAMZIN, S.M.; ZOLOTOVSKIJ, B.P.; KRIVORUČKO, O.P.; MASTICHIN, V.M.; LITVAK, G.S.: BUJANOV, R.A.; PLJASOVA, L.M.; KLEVCOV, D.I.: Izv. Sib. Otd. Akad. Nauk SSSR, Ser. Chim. Nauk 1 (1989) 33

[48] STEINIKE, U.; GEISSLER, H.; HENNIG, H.-P.; JANCKE, K.; JEDAMZIK, J.; KRETZSCHMAR, U.; BOLLMANN, U.: Z. Anorg. Allg. Chem. 590 (1990) 213

[49] JAWORSKA-GALAS, Z.; JANIAK, S.; MISTA, W.; WRZYSZCZ, J.; ZAWADZKI, M.: J. Mater. Sci. 28 (1993) 2075

Zur thermischen Zersetzung von Mischgelen aus Böhmit und basischen Aluminiumchloriden

Von CORNELIA TRÜLTZSCH und PAUL BRAND,
Freiberg

Einleitung

Aluminiumoxide werden vorwiegend durch thermische Zersetzung von Aluminiumhydroxiden und -salzen hergestellt. Das bei allen Temperaturen stabile α-Al_2O_3, der Korund, bildet sich dabei meist bei Temperaturen um bzw. über 1000°C. Bei niedrigeren Temperaturen entstehen die metastabilen Übergangsaluminiumoxide (Niedertemperaturgruppe γ-, η-, χ-Al_2O_3 und Hochtemperaturgruppe δ-, θ-, κ-Al_2O_3), wobei für jeden Ausgangsstoff eine charakteristische Phasenabfolge durchlaufen wird. Die hohe Bildungstemperatur des Korunds aus den Übergangstonerden ist durch starke Keimbildungshemmungen bedingt, deren Ursache in erheblichen strukturellen Unterschieden, annähernd kubisch dichteste Kugelpackung der Sauerstoffionen in den Übergangsformen und hexagonal dichteste Packung im Korund sowie unterschiedliche Kationenverteilungen auf die Lücken, zu suchen sind, die bei der Neubildung des Korunds einen umfangreichen Strukturumbau zur Folge haben. Lediglich das Oxidhydrat Diaspor geht direkt bei Temperaturen um 400°C in den Korund über, was durch weitgehende Strukturanalogien beider Phasen, hexagonal dichteste Anionenpackung und oktaedrisch koordinierte Aluminiumionen, erklärt werden kann /1/. Ein ähnliches Zersetzungsverhalten weisen bestimmte Bestandteile basischer Aluminiumchlorid-Gele auf, aus denen beim Aufheizen ab etwa 400°C α-Al_2O_3 entsteht /2,3/.
An ein Aluminiumoxidpulver für die Herstellung von Sinterkorundkeramik werden bestimmte Anforderungen an die chemische Reinheit, an die granulometrische Charakteristik und an den Phasenbestand gestellt; in dieser Hinsicht wird ein Pulver, welches aus α-Al_2O_3 oder vorwiegend aus dieser Phase besteht, als günstig angesehen. Für Sonderkeramik mit hohen Anforderungen an die Reinheit kann von durch Hydrolyse aus Aluminium-Alkoxiden hergestelltem Böhmit ausgegangen werden. Bei der Calcination von Böhmit erfolgt die Kristallisation von Korund erst bei Temperaturen um 1200°C aus θ-Al_2O_3 . Da in diesem Temperaturbereich bereits ein beachtliches

Kornwachstum erfolgt, resultieren als Calcinate Pulver, deren Partikel harte Aggregate mit einer schwammigen Struktur sind und die deshalb ein ungünstiges Verdichtungsverhalten beim Sintern zeigen /4/.Aus diesem Grunde sind Bemühungen verständlich, die Temperatur der Korundbildung zu senken, z.B. durch Impfen /5,6/.
Auf der anderen Seite gibt es Einsatzgebiete für Al_2O_3, bei denen eine Ausweitung der relativen Stabilität von Übergangsaluminiumoxiden zu höheren Temperaturen wünschenswert ist. Hier sind zunächst die Tonerden für Katalysatorträger zu nennen, als anderes Gebiet die Aluminiumoxidfasern, welche über einen Sol-Gel-Spinnprozeß hergestellt werden. Diese Fasern bestehen aus Übergangsoxiden; die obere Temperatur ihres Einsatzes als Wärmeisolationsmaterial und als Verstärkungskomponente für Verbundwerkstoffe wird durch die Kristallisation von α-Al_2O_3 bestimmt. Dieser Übergang ist mit einer Volumenverringerung und der Entstehung von Rissen verbunden, welche einen erheblichen Abfall der Festigkeit der Fasern bewirken. Durch z.T. bedeutende Zusätze an SiO_2 und B_2O_3 wird die Korundbildung blockiert /7/.
Unter diesen Aspekten ist das Calcinationsverhalten von Mischgelen aus Böhmit (Komponente mit einer sehr hohen Korundbildungstemperatur) und basischen Aluminiumchloriden mit einer bei sehr niedrigen Temperatur einsetzenden α-Al_2O_3 - Kristallisation von besonderem Interesse.

Experimentelles

Die für die Untersuchungen benötigten basischen Aluminiumchloridlösungen wurden durch Auflösen von thermischen Zersetzungsprodukten des Hexaquoaluminiumchlorids in Wasser hergestellt /8/. Die thermische Spaltung dieses Salzes erfolgte bei 170 - 200°C in einer Wirbelschicht; durch Variation von Temperatur und Verweilzeit waren unterschiedliche Basizitätsgrade der Zersetzungsprodukte einstellbar. Für das Auflösen bei Raumtemperatur wurde ein Feststoff:Wasser-Verhältnis von 1:3 gewählt; für die höchsten untersuchten Basizitäten ($n_{Al}/n_{Cl} \geq 1,5$) war ein Verhältnis von 1:4 bis 1:6 für ein rückstandsfreies Lösen erforderlich.
Als Böhmite standen Produkte der Firma CONDEA Chemie GmbH (DISPERAL, PURAL NF, PURAL SCF) zur Verfügung, für deren Bereitstellung herzlich gedankt sei. Für Vergleichszwecke wurde ein Böhmit über Al-triisopropanolat selbst präpariert. Die Festprodukte waren durch Zusatz von 0,1N-HNO_3 peptisierbar. Es wurden vorzugsweise hochkonzentrierte Dispersionen (Feststoffgehalt umgerechnet auf Al_2O_3 30Ma%; Salpetersäurezusatz) angewendet. Die Herstellung von Mischgelen erfolgte durch intensives Verrühren der Sole mit Böhmitdispersionen in definierten Verhältnissen, Einengen des Mischsols auf dem Wasserbad bei 80°C und nachfolgendes Trocknen im Trockenschrank bei dieser Temperatur. Die Calcinationsunter-

suchungen an Gelpulvern wurden in einem Röhrenofen ohne Gasspülung bei 800, 900, 1000, 1100 und 1200°C vorgenommen (Aufheizrate 15K/min, Verweilzeit bei der Endtemperatur 1h).
Für die Analyse der Ausgangsstoffe und Calcinationsprodukte kam eine komplexometrische Bestimmung des Aluminiumgehaltes und eine direkte potentiometrische Titration des Chlorids zu Anwendung. Die Erfassung des Phasenbestandes erfolgte pulverdiffraktometrisch. Für die quantitative Bestimmung der α-Al_2O_3 - Gehalte wurden die Röntgenintensitäten der Korundinterferenzen 113 und 116 mit den Intensitäten von Eichgemischen mit bekannten Korundgehalten, die unter identischen Aufnahmebedingungen registriert worden waren, verglichen. Der relative Fehler dieses Bestimmungsverfahrens liegt bei 5%. Der ergänzenden Charakterisierung der Feststoffe dienten IR-spektroskopische und elektronenoptische Untersuchungen, der basischen Aluminiumchloridsole Messungen der dynamischen Lichtstreuung bei ausgewählten Proben.

Ergebnisse und Diskussion

Die festgestellte Phasenabfolge der Aluminumoxidformen bei der thermischen Zersetzung der untersuchten Böhmite entspricht der vielfach in der Literatur beschriebenen /z.B.9/:

$$\text{Böhmit} \rightarrow \gamma\text{-}Al_2O_3 \rightarrow \delta\text{-}Al_2O_3 \rightarrow \theta\text{-}Al_2O_3 \rightarrow \alpha\text{-}Al_2O_3$$

Bei dem vorzugsweise eingesetzten Disperalgel wurde bei 900°C noch ausschließlich γ-Al_2O_3 registriert, bei 1000°C δ- und θ-Al_2O_3, bei 1100°C neben diesen 3% α-Al_2O_3 und bei 1200°C ausschließlich α-Al_2O_3.
Alle basischen Aluminiumchloridgele zeigten bereits bei 600°C einen geringen Korundgehalt. Ab 600°C wird χ-Al_2O_3 beobachtet und bei 700°C η-Al_2O_3. Bei 800°C ist χ-Al_2O_3 in κ-Al_2O_3 umgewandelt. Neben Korund (60 - 70%) wird bei 1000°C κ-Al_2O_3, z.T. auch noch η-Al_2O_3, festgestellt. Bei 1100°C und 1200°C läßt sich röntgenographisch nur α-Al_2O_3 nachweisen.
Die Phasenentwicklung bei der Calcination von Mischgelen ist aus den Tabellen 1 bis 4 ersichtlich. Ein Zusatz auch von erheblichen Mengen von basischen Aluminiumchloriden verändert die bei der Zersetzung von reinem Böhmit beobachtete Phasenabfolge bei steigender Temperatur nicht (Tab. 1,2 und 4). Die Bildung von Korund bei der Calcination wird bereits bei geringen Zugaben deutlich gefördert, wie die durchschnittlich höheren α-Al_2O_3 - Gehalte bei 1100°C ausweisen (Tab.1). Eine Abhängigkeit dieser Gehalte von der Zusammensetzung der zugefügten basischen Aluminiumchlorid-Komponente ist jedoch nicht zu erkennen. Es läßt sich ferner abschätzen, daß der Beginn der Korundkristallisation um weniger als 100K abgesenkt wird.
Bedeutend gravierender ist die Veränderung der Phasenabfolge bei der thermischen Zersetzung von basischen Aluminiumchloridgelen, wenn kleinere

Mengen an Böhmit zugemischt wurden (Tab. 3 und 4). Bei einem Böhmitanteil von 10% des Al_2O_3-Gehaltes der Probe wird ein vom Basizitätsgrad des basischen Aluminiumchloridgels abhängiges Calcinationsverhalten registriert: Während man bei chloridreichen Komponenten noch die für basische Aluminiumchloride charakteristische Phasenabfolge findet, ist bei den basischeren Chloridgelen bereits eine Phasenentwicklung wie beim Böhmit festzustellen. Diese Unterschiede können durch den Gehalt an monomeren Spezies in der erstgenannten Gruppe von Solen bestimmt sein, welcher sich auch durch röntgenographisch nachweisbares $AlCl_3 \cdot 6H_2O$ im Gel zu erkennen gibt.

n_{Al}/n_{Cl}	800°C	900°C	1000°C	1100°C	1200°C
0,49	γ	γ	δ,θ	θ,α(5)	α(100)
0,67	γ	γ	δ	δ,θ,α(47)	α(100)
0,88	γ	γ	γ,δ	δ,θ,α(23)	α(100)
1,19	γ	γ	δ,θ	α(70)	α(100)
1,37	γ	γ	δ,θ	θ,α(5)	α(100)
1,39	γ	γ	δ,θ	θ,α(48)	α(100)

Tab.1: Phasenbestand der Calcinate von Böhmit-bas.Al-Chlorid-Mischgelen in Abhängigkeit vom Al:Cl-Molverhältnis der bas. Chloride und der Temperatur; Böhmitanteil 90% des Al_2O_3-Gehaltes der Proben. Zahlenwerte in Klammern: Korundgehalt in %

n_{Al}/n_{Cl}	800°C	900°C	1000°C	1100°C	1200°C
0,49	-	γ,δ	δ,θ	δ,θ,α(44)	α(100)
0,67	γ	γ	δ,θ	α(69)	α(100)
0,88	γ	γ	δ,θ,α(3)	θ,α(10)	α(100)
1,19	γ	γ	δ,θ	δ,θ,α(56)	α(100)
1,37	γ	γ	δ,θ,α(8)	α(62)	α(100)
1,39	γ	γ	δ,θ,α(14)	α(68)	α(100)

Tab.2: Phasenbestand der Calcinate von Mischgelen; Böhmitanteil 50% des Al_2O_3-Gehaltes der Proben

n_{Al}/n_{Cl}	800°C	900°C	1000°C	1100°C	1200°C
0,49	-	η,κ,α(4)	η,κ,α(5)	α(66)	α(100)
0,67	η,κ	η,κ,α(4)	η,κ,α(6)	α(68)	α(100)
0,88	η,κ	η,κ,α(4)	η,κ,α(15)	α(68)	α(100)
1,19	γ	γ,α(4)	δ,θ,α(15)	α(69)	α(100)
1,37	-	γ,δ,α(4)	δ,θ,α(9)	α(64)	α(100)
1,39	γ	γ	δ,θ,α(13)	α(70)	α(100)

Tab.3: Phasenbestand der Calcinate von Mischgelen; Böhmitanteil 10% des Al_2O_3-Gehaltes der Proben

m(BA):m(Bö)	900°C	1000°C	1100°C	1200°C
100%Bö	γ	δ,θ	θ,α(3)	α(100)
10:90	γ	δ,θ	α(70)	α(100)
20:80	γ	δ,θ	α(66)	α(100)
30:70	γ	δ,θ	α(70)	α(100)
40:60	γ	δ,θ	δ,θ,α(45)	α(100)
50:50	γ	δ,θ	δ,θ,α(56)	α(100)
60:40	γ	δ,θ,α(4)	δ,θ,α(49)	α(100)
70:30	γ	δ,θ,α(6)	(θ),α(63)	α(100)
80:20	γ	δ,θ,α(4)	α(69)	α(100)
90:10	γ,α(3)	δ,θ,α(15)	α(69)	α(100)
100%BA	η,κ,α(13)	η,κ,α(60)	α(82)	α(100)

Tab.4: Phasenbestand der Calcinate von Mischgelen aus Böhmit (Bö) mit einem basischen Aluminiumchlorid (BA) des Molverhältnisses n_{Al}/n_{Cl} = 1,19 in Abhängigkeit vom Verhältnis der Al_2O_3-Gehalte der Komponenten und der Temperatur

Dieser Wechsel im Zersetzungsverhalten ist an Mischgelen aus Böhmit, der durch Hydrolyse von Aluminium-triisopropanolat gewonnen wurde, und einem basischen Aluminiumchlorid mit einem Molverhältnis von n_{Al}/n_{Cl} = 1,4 näher untersucht worden. Es stellte sich dabei heraus, daß Böhmitzugaben von nur 1% des Al_2O_3-Gehaltes bereits die für Böhmit charakteristische Phasenabfolge induzieren. Daraus kann der Schluß gezogen werden, daß eine sehr wirksame Beeinflussung der Struktur des basischen Aluminiumchloridgels durch den Böhmit vorliegt.
Interessant ist der Befund, daß sich häufig im 1100°C-Calcinat röntgenographisch nur Korund nachweisen läßt, die quantitative Phasenanalyse jedoch α-Al_2O_3-Gehalte von 60 - 80% ergibt. Der Rest der Probe liegt hier offensichtlich in einem röntgenamorphen Übergangszustand zwischen der θ- und α-Form vor.
Bei elektronenoptischen Untersuchungen zeigten sich morphologische Erscheinungsbilder der Gelpulver der Komponenten, wie sie in der Literatur bereits beschrieben sind /3 ,10 /. Auffällige Neubildungen konnten im Mischgel mit 10% Böhmitzusatz festgestellt werden: relativ große nadelige Gebilde in μm-Dimension (Bild 1). Von ihnen angefertigte Elektronenbeugungsaufnahmen (Bild 2) sind als Faserdiagramme interpretierbar. Die Nadeln bestehen demnach aus sehr vielen Einzelkristalliten, die bezüglich einer Achse parallel zueinander angeordnet sind. Aus dem Schichtlinienabstand des Beugungsdiagramms ergibt sich eine Gitterkonstante in Richtung der Faserachse von 597 pm; das ist etwas mehr als der doppelte a_0 - Parameter des Böhmits ($2a_0$ = 2 • 287 pm = 574 pm). Es liegt offensichtlich eine Überstruktur des Böhmits vor, worauf die bedeutend schwächeren Interferenzen auf den ungeradzahligen Schichtlinien hinweisen; gleichzeitig erfolgte eine Aufweitung der Elementarzelle des Böhmits. Ursache dafür dürfte ein Umlöse- und Neukristallisationsprozeß sein, der mit einer Aufnahme von Chloridionen mit einem größeren Ionenradius verbunden ist. Diese Aufweitung ist auch röntgenographisch nachweisbar: Die 020 - Interferenz der Böhmitphase in der Probe mit 10% Böhmitzusatz hat mit d = 674 pm einen deutlich größeren Wert als der eingesetzte Böhmit mit d = 643 pm. Derartige "Chloridböhmite" wurden bereits von BREUIL /11/ beschrieben und ihre Zusammensetzung mit $AlCl_3$ • 135 AlOOH angegeben.
Neben einer wechselseitigen strukturellen Beeinflussung der Komponenten in den Mischgelen ist noch eine indirekte Einwirkung auf die Phasenbildung über die Zusammensetzung der Gasatmosphäre möglich. So fördern Wasserdampf, insbesondere aber Chlorwasserstoff die Korundkristallisation aus Übergangstonerden /12/. HCl wird aus den recht fest gebundenen Restchloridgehalten bei der Calcination von chloridhaltigen Ausgangsstoffen ($AlCl_3$ • 6 H_2O; basische Aluminiumchloride) auch bei hohen Temperaturen noch freigesetzt und kann, wenn die Zersetzungsgase nicht schnell abgeführt werden, als Mineralisator wirken. Auch für die Korundbildung

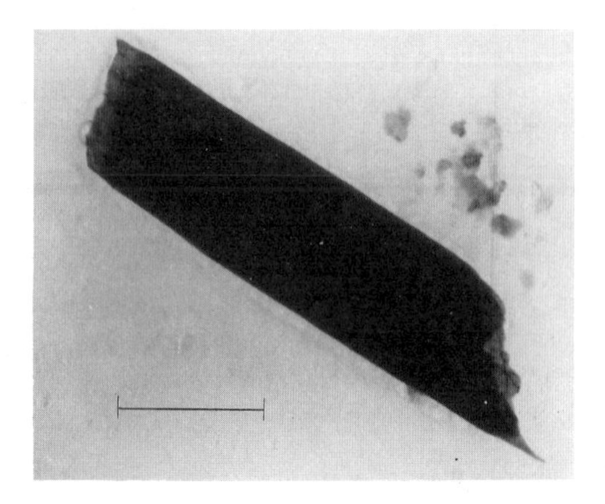

Bild 1 : Transmissions-elektronenmikroskopische Aufnahme eines Gelpartikels aus einem Mischgel mit 10% Böhmit; Balkenlänge 1μm

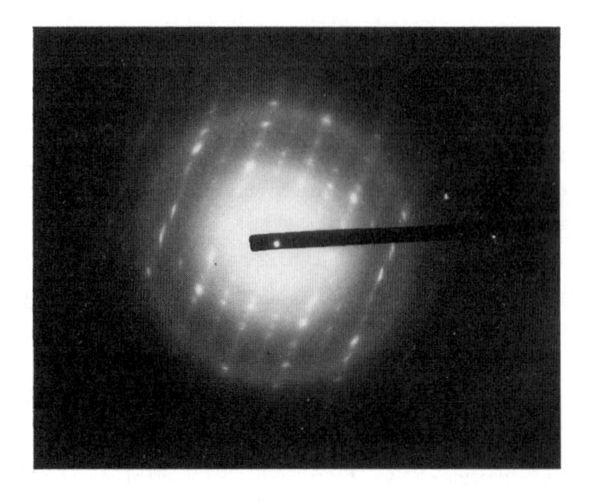

Bild 2 : Elektronenbeugungsdiagramm des Partikels aus Bild 1

bei der thermischen Zersetzung von basischen Aluminiumchloridgelen, welche bei der niedrigen Temperatur von etwa 400°C beginnt und durch bestimmte Precursorstrukturen vorgeprägt ist, besitzt die Gasatmosphäre eine wesentliche Bedeutung. Hier findet man allerdings einen niedrigen Druck der Zersetzungsgase als wichtige Voraussetzung für die Korundbildung /2/. Da die Dehydroxylierung des Böhmits in demselben Temperaturintervall wie diese erfolgt, sind der bei der Böhmitzersetzung in den Mischgelen abgegebene Wasserdampf bzw. auch das aus dem "Chloridböhmit" stammende HCl Stoffe, welche die Korundbildung aus der basischen Chloridkomponente hemmen und die Phasenabfolge bei der Calcination verändern können.

Zusammenfassung

Die Untersuchungen der thermische Zersetzung von Mischgelen aus Böhmit und basischen Aluminiumchloriden bei Temperaturen zwischen 800 und 1200°C zeigten eine unterschiedliche Einwirkung der Komponenten aufeinander hinsichtlich der Phasenentwicklung bei der Calcination:
Zugaben von basischen Aluminiumchlorid-Solen zum Böhmit beeinflussen dessen Phasenabfolge nicht. Neben einer geringen Senkung der Temperatur der beginnenden Korundbildung wird eine erhöhte Kristallisationsgeschwindigkeit des α-Al_2O_3 registriert.
Auf der anderen Seite haben schon geringe Zusätze von Böhmit zu basischen Aluminiumchloridgelen erhebliche Auswirkungen auf das Calcinationsverhalten: Anstelle der charakteristischen Phasenabfolge der basischen Aluminiumchloridgele tritt die des Böhmits auf. Außerdem verschwindet die Niedertemperatur-Korundbildung; die Kristallisation von α-Al_2O_3 bei hohen Temperaturen wird gehemmt. Als Ursachen dafür kommen strukturelle Veränderungen der basischen Chloridgele in Betracht. Der zugefügte Böhmit unterliegt einer Umbildung in eine offensichtlich chloridhaltige Überstruktur.
Schließlich werden Möglichkeiten eines modifizierten Calcinationsverhaltens unter dem Einfluß einer veränderten Zersetzungsgasatmosphäre diskutiert.

Frau Chem.-Ing. M. Seifert, Fachbereich Chemie der TU Bergakademie Freiberg, sei für die Anfertigung zahlreicher Röntgenanalysen recht herzlich gedankt.
Die Arbeiten wurden durch den Fonds der Chemischen Industrie gefördert; ihm gilt unser besonderer Dank.

Literaturverzeichnis

/1/ NEUHAUS, H.; HEIDE, H.: Ber. DKG **42** (1965) 165

/2/ BRAND, P.; TROSCHKE, R.; WEIGELT, H.:
Cryst. Res. Techn. **24** (1989) 671

/3/ BRAND, P.; DIETZMANN, P. : Cryst .Res. Techn. **27** (1992) 529

/4/ DYNYS, F.W.; HALLORAN, J.W. in :
Ultrastructure Processing of Ceramics, Glasses, and Composites,
eds. : L.L. Hench and D.D. Ulrich, Wiley, New York, 1984, 142-151

/5/ KUMUGAI, M.; MESSING, G.L. : J. Amer. Ceram. Soc. **68** (1985) 500

/6/ McARDLE, J.L.; MESSING, G.L. : Adv. Ceram. Mat. **3** (1988) 387

/7/ STACEY, M.H. : Brit. Ceram. Trans. **87** (1988) 168

/8/ TRÜLTZSCH, C. : Dissertation TU Bergakademie Freiberg 1993

/9/ DWIVEDI, R.K.; GOWDA, G. : J. Mat. Sci. Lett. **4** (1985) 331

/10/ BOLLMANN, U. : Habilitationsschrift TU Bergakademie Freiberg 1993

/11/ BREUIL, H. : Ann. de Chim. **10** (1965) 467

/12/ PETZOLD, D. : Dissertation B Bergakademie Freiberg 1980

Thermodynamische Berechnungen zur protolytischen Reaktion des Aluminiumions in wäßrigen Lösungen

Von K. Bohmhammel, Freiberg

1. Einleitung

Die chemische Präparation von Oxidpulvern über die Stufen Hydroxidfällung aus Metallsalzlösungen, Filtration, Trocknung und Calcination erfordert die tiefere Kenntnis der Hydroxidbildung in Abhängigkeit vom pH-Wert, von der Temperatur und Konzentration. Insbesondere bei mehrwertigen Kationen (Al^{3+}, Fe^{3+}) geht der Bildung des schwerlöslichen Niederschlages die Bildung von löslichen Isopolyoxokationen mit der allgemeinen Formel $[M_xO_u(OH)_v(H_2O)_w]^{r+}$ (M = Metall) voraus /1/. Mit zunehmenden pH-Wert bilden sich aus den Aquokationen zunächst die monomeren Hydroxoaquokationen, die dann dimerisieren und weiter aggregieren zu Polykationen. Die damit im Zusammenhang stehenden komplexen Protolysegleichgewichte sind zahlreich untersucht /1/ und die Werte der Gleichgewichtskonstanten ermittelt worden. Durch Kombination der Gleichgewichte lassen sich in Abhängigkeit vom pH-Wert Speziesverteilungsdiagramme berechnen /2/. Die vorliegenden Ergebnisse unterscheiden sich teilweise beträchtlich. Die Unterschiede resultieren aus abweichenden Ausgangsdaten, d.h. den Werten der Gleichgewichtskonstanten, und aus der mehr oder weniger großen der in die Berechnung eingehenden Anzahl an Spezies. In der vorliegenden Arbeit wird demonstriert, daß auf Grundlage der Minimierung der freien Enthalpie mittels des Computerprogrammes CHEMSAGE /6/ eine Methode zur Verfügung steht, um in kürzester Zeit Speciesverteilungsdiagramme zu berechnen. Damit ist es auch möglich, im vertretbaren Zeitaufwand unterschiedliche Literaturwerte zu bewerten. Die Rechnungen erfolgten für zwei Temperaturen (25 ° und 100 °C), so daß auch Rückschlüsse auf die Temperaturabhängigkeit der Speziesverteilung möglich sind.

2. Thermochemisches Modell und Daten

Die Berechnung thermodynamischer Gleichgewichtszustände sind die Basis für die Lösung vieler Verfahrens- und Werkstoffprobleme in den Montanwissenschaften. Es hat sich gezeigt, daß mit der Gleichbedingung Minimum der freien Enthalpie G komplexe Gleichgewichtssysteme in der Kombination von Phasen- und chemischen Gleichgewichten zu lösen sind. Die integrale freie Enthalpie einer Mischphase ergibt sich aus

$$g_m = \Sigma\, n_i G_i = \Sigma\, n_i (G^\theta_i + RT \ln x_i + RT \ln f_i)$$

Für den vorliegenden Fall der wässrigen Lösung resultiert:

$$G_m = x_{H_2O}(\mu^\theta_{H_2O} + RT \ln x_{H_2O})$$

$$+ \Sigma\, x_i(\mu^\theta_i + RT \ln m_i - RT\, \alpha\, z_i^2 \sqrt{I})$$

Dabei bedeuten:

$\mu^\theta_{H_2O}$: Standardpotential des Wassers
μ^θ_b : Standardpotential der Ionensorte b bezogen auf den Zustand der unendlichen Verdünnung
m_b : Molalität der Ionensorte b
$RT\, \alpha\, z_i^2 \sqrt{I}$: Debye-Hückel-Term für den Aktivitätskoeffizienten
I : Ionenstärke

Entsprechend der Gültigkeit des Debye-Hückel-Modells müssen die Rechnungen auf kleine Konzentrationen beschränkt bleiben. Höhere Konzentrationen verlangen eine Erweiterung dieses Terms, z.B. auf Grundlage des Pitzer-Modell /7/. Dazu notwendige Wechselwirkungskoeffizienten sind aber für das vorliegende System nicht bekannt.

Die Standardpotentiale der Ionen sind in der Regel aus Gleichgewichtsmessungen abgeleitet worden. Streng ist darauf zu achten, daß zwei unterschiedliche Bezugszustände existieren:

1. $\Delta_B H^\theta_{H+} = 0$, $\Delta_B S^\theta_{H+} = 0$, d.h. $\mu^\theta_{H+} = 0$

2. $\Delta_B H^\theta_{H+} = 0$, $S^\theta_{H+} = 65.285$ $JK^{-1}mol^{-1}$, d.h. $\mu^\theta_{H+} = -19.465$ $kJmol^{-1}$.

Die hier angegebenen Werte beziehen sich auf den 1. Bezugszustand. In Tabelle 1 sind verfügbare Literaturwerte für μ^θ_b und ΔS^θ_b zusammengestellt. Man erkennt, daß schon für das Al^{3+}-Ion ($Al(H_2O)_6^{3+}$) recht unterschiedliche Werte existieren. Die Abschätzung von Bestwerten war im Rahmen dieser Arbeit nicht möglich.

Tabelle 1: Thermodynamische Daten

Species	$-\Delta_B G^\theta(298)$ $kJmol^{-1}$	$-\Delta_B S^\theta$ (298) $JK^{-1}mol^{-1}$
Al^{3+}	489,5 /3/; 481,16 /10/; 492,0/10/; 485,34/12/; 489,4 /11/; 493,95/8/	319,96 /8/ 321,75 /12/
$AlOH^{2+}$	698,31/3/;698,31/11/ 697,63/4/;694,13/12/	158,99 /12/
$Al(OH)_2^+$	906,25/3/;905,84/11/ 903,74/12/	128,03/12/
$Al_2(OH)_2^{4+}$	1399,4/11/; 1405,45/5/	
$Al_{14}(OH)_{32}^{10+}$	13795,3/4/; 13915,9/8/; 13852,1/11,4/	
$Al_{13}(OH)_{32}^{7+}$	13324,6/11/	
$Al_{13}O_4(OH)_{28}^{3+}$	13282/9/	-42520/9/
$Al_{13}(OH)_{34}^{5+}$	13796,6/13/	5561,7/13/
$Al(OH)_4^-$	1308,75/3/; 1311,7/11/; 1301,4/8/; 1296,9/4/	1304,91/13/
Mikrokrist. Gibbsit	1147,67/3/	485,1/3/
Gibbsit	1155,2/3/; 1160,2/10/; 1144,3/10; 1153,11/10/; 1154,78/11/; 1154,89/13/	463,59/13/
Bayerit	1153,11/3/; 1152,98/13/	452,7/13/
$H_2O(l)$	237,142/8/	163,14/8/
OH^-	230,025/8/	243,962/8/

Mit Hilfe des Programmes CHEMSAGE wird ein entsprechender Datenfile erzeugt. Bei vorgegebener Temperatur, Al^{3+}-Molalität und pH-Wert wird als Ergebnis die Gleichgewichtsmolalität und Aktivität der einzelnen Species erhalten. Die Temperaturabhängigkeit der Speciesverteilung enthält die 1. Näherung $\Delta Cp = 0$ (Differenz d. Wärmekapazitäten = 0).

In die Rechnung wurde die Bildung der festen Phase, des Niederschlages, einbezogen. Die bekannte Tatsache, daß beim Fällen von Aluminiumhydroxid zunächst ein amorpher bzw. sehr feinkristalliner Niederschlag entsteht, wurde durch die entsprechende Wahl der thermodynamischen Daten, mikrokristalliner Gibbit, berücksichtigt. Der mikrokristalline Gibbit ist thermodynamisch instabiler als Gibbsit und Bayerit. Die resultierende Löslichkeit ist dementsprechend größer.

3. Ergebnisse und Diskussion

Das Ergebnis der Rechnung für T = 298 K mit allen verfügbaren Speciesdaten zeigt Abb. 1. Der Realität entsprechen der Beginn der Protolyse des $Al(H_2O)_6^{3+}$-Ions bei einem pH-Wert von 3 und die Löslicheitsgrenze des Aluminiumhydroxides. Im pH-Bereich von 3,5 bis 5,6 dominiert das Al_{14}-Species. Die Dimerenbildung wird dadurch vollständig unterdrückt. Die thermodynamischen Daten von Al_{14} wurden von Bottero et.al. /9/ durch Titrationskalorimetrie bestimmt. Offensichtlich ist der mitgeteilte $\Delta_B H$-Wert zu klein und der $\Delta_B S$-Wert dadurch völlig falsch. Darum fand diese Speziesart in den weiteren Berechnungen keine Berücksichtigung. Für das Dimere $Al_2(OH)_2^{4+}$ standen keine Entropiewerte zur Verfügung. Für die folgenden Berechnungen ,$c°_{Al}$ = 0,001 und 0,01 mol l^{-1} sowie T = 298 und 373 K ,mußte dieses Species deshalb vernachlässigt werden. Andererseits haben Rechnung mit approximierten Werten gezeigt, daß diese Speciesart nur eine untergeordnete Rolle spielt.

Die Ergebnisse sind in Abb. 2-5 dargestellt. Folgendes ist abzulesen:

1. Als erstes Protolyseprodukt dominiert bei 298 K das Monomere

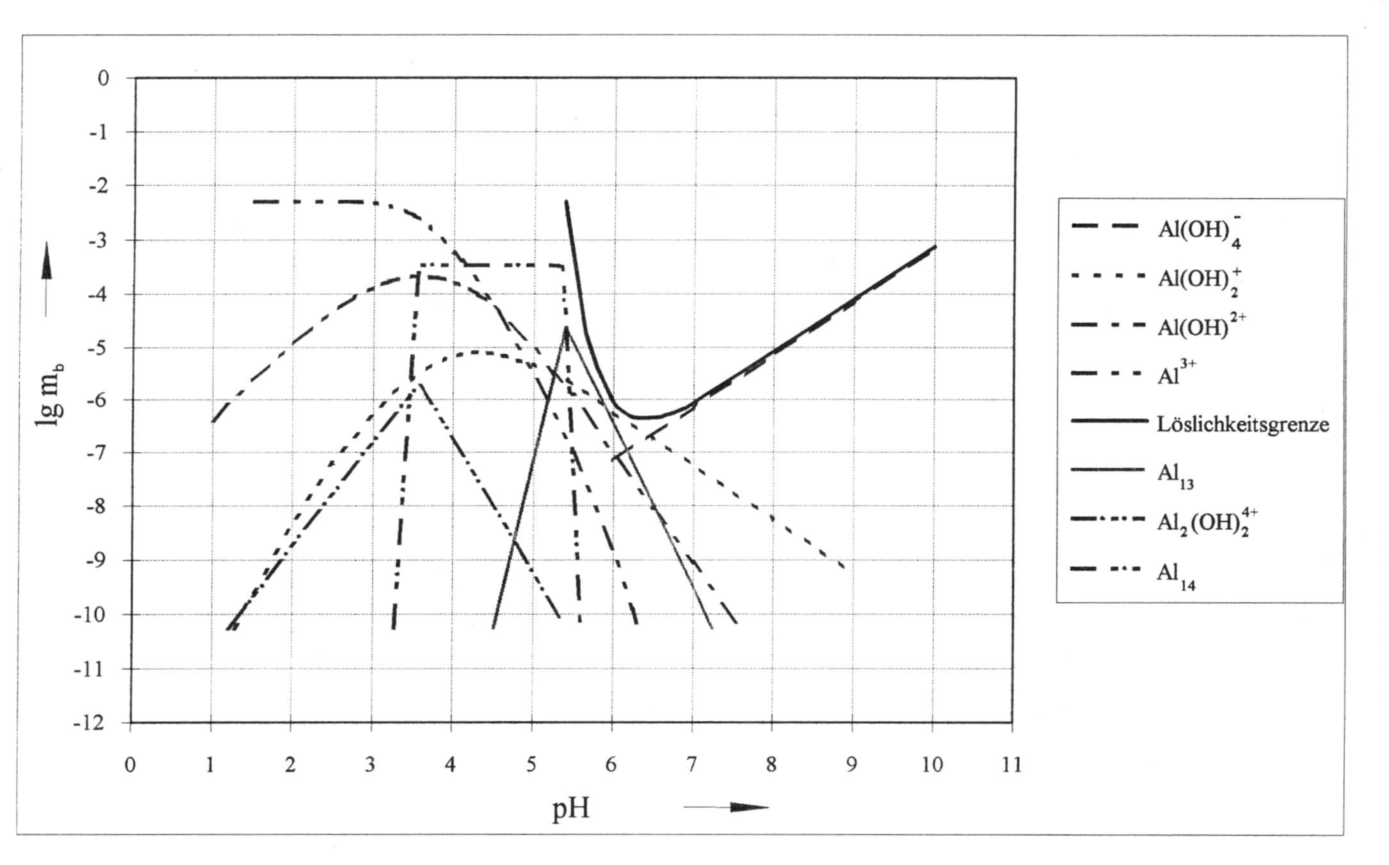

Abb. 1 Die Speciesverteilung bei T = 298 K und C_{Al} = 0.005 mol/l

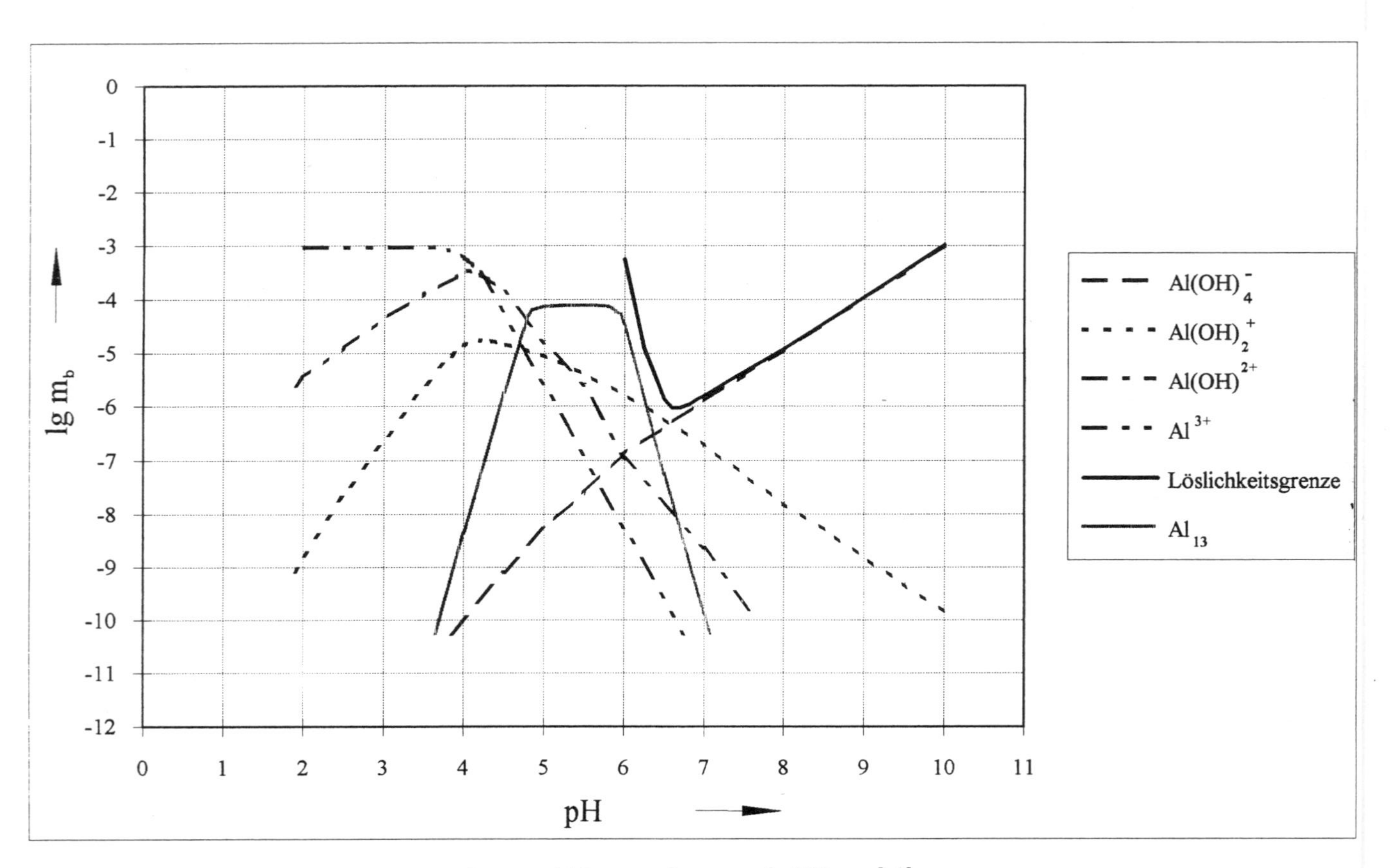

Abb. 2 Die Speciesverteilung bei T = 298 K und c_{Al} = 0.001 mol/l

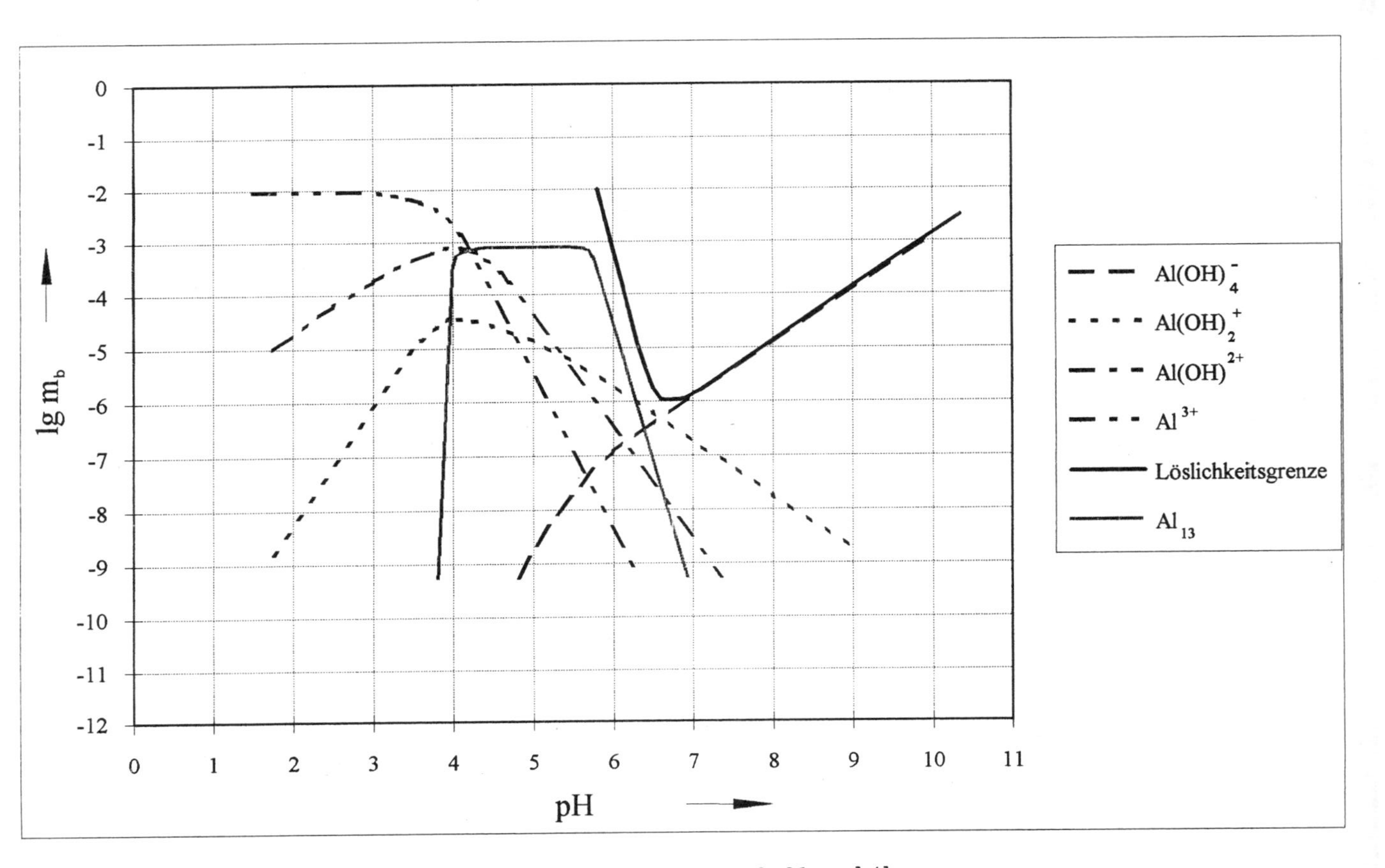

Abb. 3 Die Speciesverteilung bei T = 298 K und c_{Al} = 0.01 mol/l

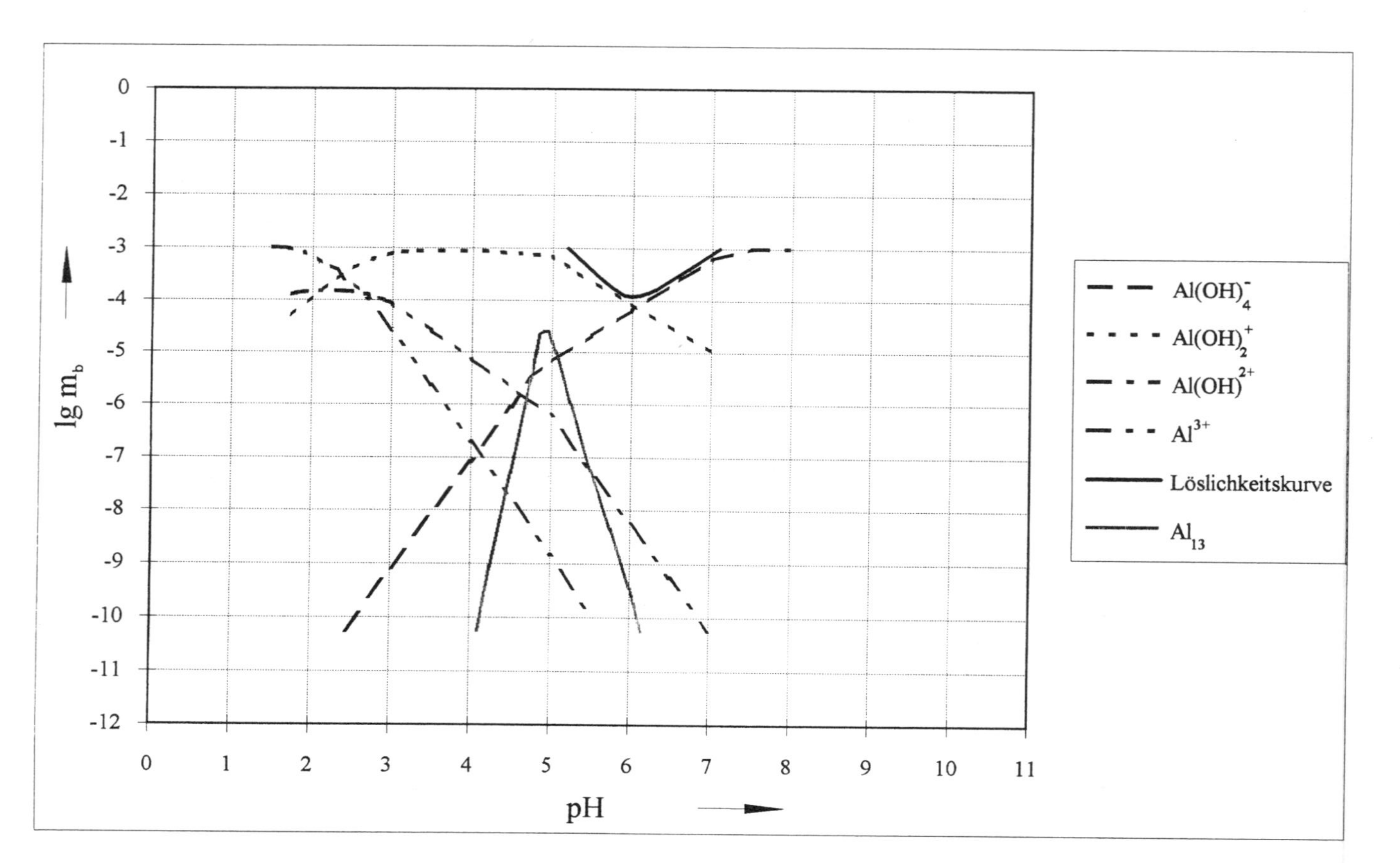

Abb. 4 Die Speciesverteilung bei T = 373 K und c_{Al} = 0.001 mol/l

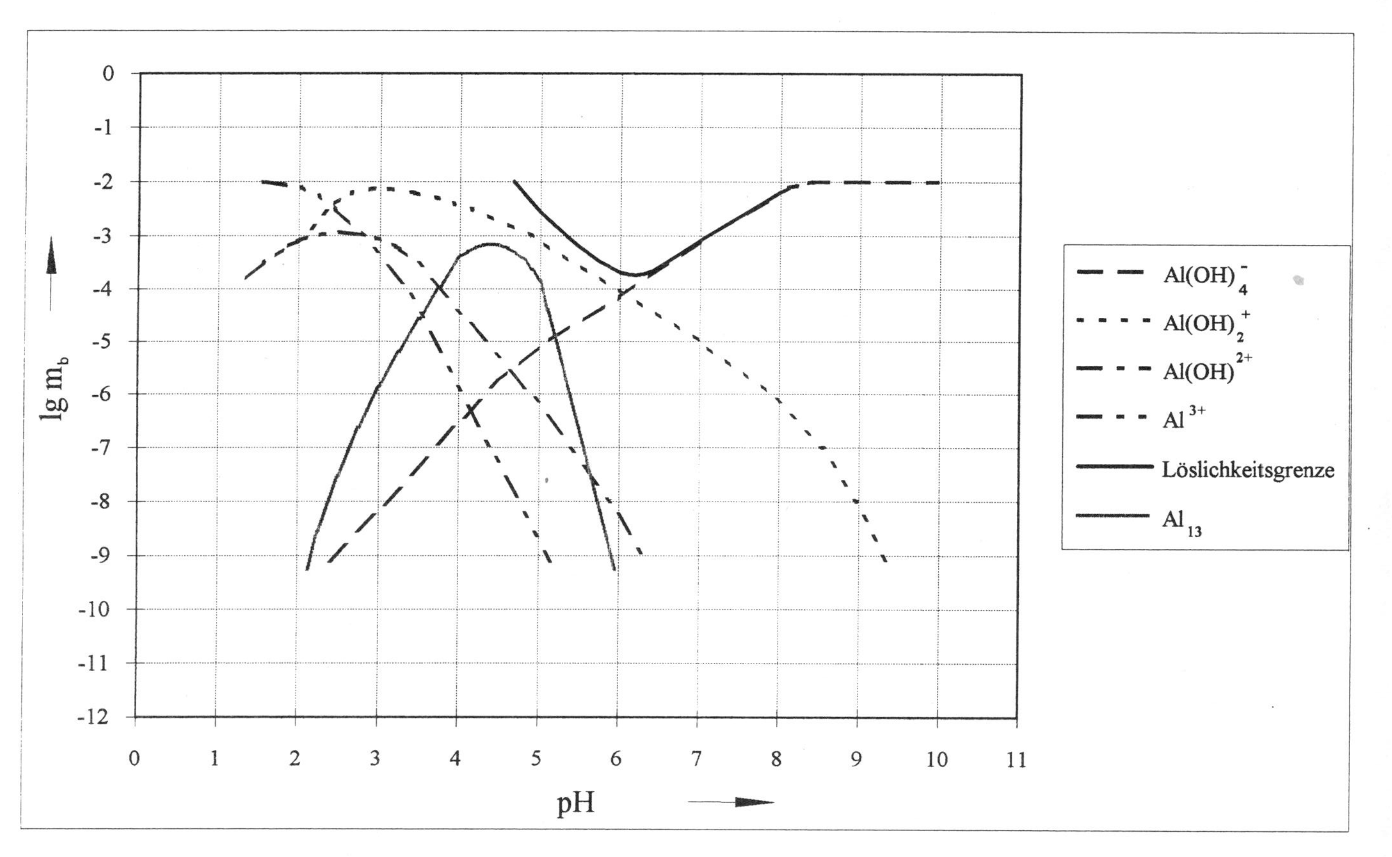

Abb. 5 Die Speciesverteilung bei T = 373 K und c_{Al} = 0.01 mol/l

$Al(OH)^{2+}$, dagegen bei 373 K das $Al(OH)_2^+$. Diese Feststellung wurde schon der der Interpretation des Fällungsmechanismus von basischen Aluminiumsulfaten getroffen /14/.

2. Die Dominanz des Al_{13}-Komplexes im pH-Bereich von 4 bis 6 und bei T=298 K wird mit sinkender Konzentration und wesentlicher mit steigender Temperatur aufgehoben. Diese Temperaturabhängigkeit entspricht experimentellen Befunden /15/.

3. Die Temperaturabhängigkeit der Löslichkeit von $Al(OH)_3$ ist zu groß. Die Ursache ist in den wahrscheinlich zu großem $\Delta_B S$-Wert zu suchen.

4. Es sind Rückschlüsse zur Bildung basischer Aluminiumsalze möglich. Die Bildung basischer Sulfate, die an die Existenz monomerer Species gebunden ist, sollte nur bei pH-Werten unterhalb 3 möglich sein. Dagegen ist der pH-Bereich von 3 bis 6 für die Bildung basischer Chloride prädestiniert, da offensichtlich deren Bildung mit der Existenz von höher kondensierter Species verbunden ist.

5. Die Fällung von $Al(OH)_3$ als Vorprodukt für keramische Pulver sollte aus dem basischen Bereich heraus erfolgen, da im umgekehrten Falle durch die Bildung von höher kondensierten Species die Chemisorption von Anionen immer gegeben ist.

Zusammenfassend muß eingeschätzt werden, daß die diskutierten Ergebnisse nur eine Näherung darstellen. Für weiterführende Untersuchungen ist zunächst eine kritische Beurteilung der Ausgangsdaten notwendig. Bekannt ist, daß die Einstellung der Protolysegleichgewichte teilweise mit einer sehr geringen Geschwindigkeit erfolgen. Insbesondere unter diesem Aspekt sind mitgeteilte Gleichgewichtswerte kritisch zu werten.

4. Zusammenfassung

Auf Basis der Minimierung der freien Enthalpie wurde mit Hilfe des Computerprogrammes CHEMSAGE die Protolysereaktionen des $Al(H_2O)^{3+}$-Ions in wässeriger Lösung berechnet. Im Ergebnis resultieren in Abhängigkeit von der Al-Konzentration und der Temperatur Speciesverteilungsdiagramme, die Rückschlüsse auf die Speciesbildung und die Bildung basischer Al-Salze insbesondere in Abhängigkeit von der Temperatur gestatten.

Literatur

/1/ K.-H. Tytkov: Chem. i.u. Zeit 13 (1979) 184-94

/2/ D. Dyrssen: Vatten 40 (1984 3-9

/3/ J.D. Hem, C.E. Roberson: Proc. ACS Symposium N. 416 (1989) 429-46

/4/ R.D. Lettermann, S.R. Asolekar: Wat. Res. 24 (1990) 941-48

/5/ R.C. Turner: Canad. J. Chem. 53 (1975) 2811-17

/6/ G. Erikson, K. Hack: Met. Trans. B 21B (1990) 1013-23

/7/ K.S. Pitzer: J. Phys. Chem. 77 (1973) 268-77

/8/ O. Knacke, R. Sohlim: Erzmetall 37 (1984 544-48

/9/ J.Y. Bottoro, S. Partyka, F. Fissinger: Thermochim. Acta 59 (1982) 221-29

/10/ M. Sadig, W.L. Lindsay: Arab. J. Scic. Eng. 6 (1981) 96-104

/11/ H.M. May. P.A. Helmke, M.L. Jackson: Geochim. Acta 43 (1979) 861-68

/12/ J.L. Limpo, A. Luis: Rev. Metal. Cenim: 18 (1982) 261-73

/13/ J.P. Apps. J..M. Neil, C.-H. Jun: Nureg/CR-5271 LBL-21482 (Lawrence Berkeley Lab.), 1989

/14/ C. Härtig, P. Brand, K. Bohmhammel: Neue Hütte 35 (1990) 205-09

/15/ S. Schönherr, H. Görz: Z. Chem. 23 (1983) 429-34

Untersuchung basischer Aluminiumchloridlösungen mit der Methode der dynamischen Lichtstreuung

T. Angermann, P. Brand, H.-J. Mögel
Freiberg

Einführung

Das Problem der in basischen Aluminiumchloridlösungen vorliegenden Komplexkationen ist vor allem in Zusammenhang mit dem Einsatz dieser Stoffe als Komponenten von Deodorantien intensiv bearbeitet worden /1/, weil Zusammenhänge zwischen dem Gehalt der in ihnen enthaltenen Spezies und ihrer Wirksamkeit bestehen. Die Aufklärung dieser Beziehungen setzt jedoch eine möglichst umfassende analytische Bestimmung der Arten und Mengenverhältnisse der in einer Lösung vorliegenden Kationentypen voraus.

Eine Erfassung konkreter Spezies ist nur bei den Monomeren und Dimeren möglich, ferner gelingt sie bei einer tridekameren Spezies, welche ein tetraedrisch koordiniertes Aluminiumion enthält, an dessen charakteristischer ^{27}AlNMR-Resonanz sie leicht identifizierbar ist /1,2/. Über hochkondensierte Kationen, "Polymere", sind nur pauschale Angaben erhältlich. Die zur Charakterisierung verbreitet angewandten Methoden der Ferron-Komplexbildungskinetik /3/ und der Gelfiltrationschromatografie /1/ liefern nur Gehalte an Polymerfraktionen; die letztere Methode gestattet auch Abschätzungen der Größe der Polykationen. An anderen Methoden zur polymeranalytischen Charakterisierung sind Viskosimetrie /4/, Ultrazentrifugation /5/ und statische Lichtstreuung /6/ genutzt worden. Sie haben wegen unzureichender Aussagen (Viskosimetrie), wegen der Anwendbarkeit nur unter bestimmten Voraussetzungen wie verdünnte Lösung, Anwesenheit eines niedermolekularen Elektrolyten zur Einstellung einer bestimmten Ionenstärke, oder wegen hohen experimentellen Aufwandes (Ultrazentrifuge) keine allgemeine Anwendung gefunden.

Die Notwendigkeit, sich der Frage der vertieften Charakterisierung polymerer Spezies zuzuwenden, ergibt sich auch aus dem Befund, daß bei der thermischen Zersetzung basischer Aluminiumchloridgele bereits von 400°C aufwärts eine Korundbildung erfolgt /7/. Elektronenoptische Untersuchungen zeigten, daß als eine wesentliche Voraussetzung dafür das Vorliegen spezifischer geordneter Strukturen bereits im Gelzustand angesehen werden muß. Diese Strukturen lassen sich durch Elektronenbeugung nachweisen /8/; sie sind in Agglomeraten sehr dünner Plättchen lokalisiert. Auf Grund der Abhängigkeit dieser speziellen Korundkristallisation von den Gelbildungsbedingungen kann die Entstehung der spezifischen Strukturen bereits im Solzustand angenommen werden.

Da die Methode der dynamischen Lichtstreuung prinzipiell die Bestimmung von Teilchengrößen ab 1nm und von Teilchengrößenverteilungen sowie von deren zeitlicher Veränderung durch Wachstums- und Agglomerationsprozesse gestattet, wurde ihre Anwendbarkeit auf die Untersuchung von basischen Aluminiumchloridlösungen geprüft.

Dynamische Lichtstreuung

Die Methode der dynamischen Lichtstreuung ist für die Bestimmung der Teilchengrößenverteilung im Nanometerbereich gut geeignet, wenn die Teilchenzahldichte der dispergierten Teilchen, wie z.B. in stark verdünnten Solen relativ gering ist. Die Bewegung der Feststoffteilchen ist dann relativ unkorreliert, so daß Interferenzeffekte der Lichtstreuung von verschiedenen Partikeln vernachlässigbar sind und der Strukturfaktor in guter Näherung gleich 1 gesetzt werden kann.
Die Messungen wurden mit einem Photonenkorrelationsspektrometer PCS 4700 der Firma Malvern durchgeführt. Als Lichtquelle dient ein Argonlaser, dessen hohe Lichtintensität die Erfassung von Teilchen bis unterhalb 2nm erlaubt. Mit einem Photomultiplier, der auf einem Goniometer montiert ist, kann die Intensität des Streulichtes in Abhängigkeit vom Streuwinkel ermittelt werden. Die Besonderheit der dynamischen Lichtstreuung im Vergleich zu den statischen Methoden besteht in der Verarbeitung und Auswertung der Meßsignale des Streulichtes.
Die Ursache der Lichtstreuung besteht im Unterschied der Polarisierbarkeiten der dispergierten Teilchen und des Dispersionsmittels. Durch das elektrische Feld der einfallenden Lichtwelle wird in den Teilchen ein Dipol induziert, der für charakteristische Teilchengrößen unterhalb von 40nm als punktförmig angesehen werden kann. Da sich die elektrische Feldstärke der Lichtwelle am Teilchenort zeitlich periodisch ändert, stellt der induzierte Dipol einen Hertzschen Dipol dar, der seinerseits eine Welle gleicher Frequenz emittiert. Die Streulichtintensität ist proportional zur Anzahl der emittierenden Dipole, proportional zum Quadrat des Volumens der dispergierten Teilchen und umgekehrt proportional zur vierten Potenz der Lichtwellenlänge. Weitere Materialkonstanten und die Meßgeometrie beeinflussen die Streuintensität. Gibt es räumliche Korrelationen zwischen den Dipolstrahlern, entstehen Interferenzen durch kohärente Streulichtanteile, die eine Korrektur der Formeln für die Intensität durch einen Strukturfaktor erforderlich machen. Ein zweiter Korrekturfaktor ist nötig, wenn die kohärenten Streulichtanteile durch die Teilchengröße bedingt sind und von ein und demselben Teilchen stammen. Das macht wesentliche Korrekturen der Rayleigh-Theorie erforderlich, die zur Mie-Theorie bzw. deren vereinfachten Varianten führen.
Die dynamische Lichtstreuung ist ein Effekt, der durch die Brownsche Bewegung der dispergierten Teilchen hervorgerufen wird. Durch die Bewegung der Streuzentren relativ zum Detektor kommt es zum Dopplereffekt, der mit einer geringen Frequenzverschiebung einhergeht. Man beobachtet ein Frequenzspektrum des Streulichtes, wobei die maximale Intensität der Frequenz der einfallenden Strahlung entspricht. Die Fouriertransformierte

des Spektrums ist eine zeitliche Autokorrelationsfunktion, aus deren Abklingverhalten der Diffusionskoeffizient der dispergierten Teilchen und unter Annahme einer kugelförmigen Gestalt der Teilchenradius ermittelt werden kann. In polydispersen Systemen setzt sich nun die gemessene Autokorrelationsfunktion aus Anteilen für die einzelnen Teilchengrößen nach den Mengenanteilen gewichtet additiv zusammen. Die zeitliche Auflösung der Autokorrelationsfunktion erfordert Zeitintervalle im Mikrosekundenbereich, weshalb ein spezieller Rechner, der Korrelator, aus den Intensitätsdaten die Autokorrelationsfunktion in Echtzeit ermittelt. Aus diesen Daten wird anschließend mit einer Iterationsprozedur die Streulichtintensitätsverteilung bezüglich der Teilchengrößenklassen ermittelt. Unter weiteren etwas vergröbernden Annahmen kann aus der Intensitätsverteilung direkt die prozentuale Massenverteilung bzw. die prozentuale Teilchenzahlverteilung berechnet werden. Da die Streulichtintensität stark von der Größe der Teilchen abhängt, ist es wichtig, vor der Messung große Staubteilchen aus der Probe zu entfernen.

Herstellung der basischen Aluminiumchloridlösungen

Basische Aluminiumchloride können nach einer Reihe verschiedener Methoden hergestellt werden, die zu unterschiedlichen Produkten und Produktverteilungen führen. Die von uns untersuchten Lösungen wurden durch Auflösen von metallischem Aluminium in unterstöchiometrischen Mengen von Salzsäure hergestellt. Weiter beschriebene und bezüglich der Pro-dukte partiell charakterisierte Verfahren sind:

- Auflösen von metallischem Aluminium in Aluminiumchloridlösung
- Zugabe von Lauge zu Aluminiumchloridlösung
- Salzsäurezugabe zu Aluminatlösung
- Auflösen von Aluminiumhydroxid in Aluminiumchloridlösung
- Anodisches Auflösen von Aluminiumhydroxid im Salzsäureunterschuß
- Thermische Zersetzung von Hexaquoaluminiumchlorid und Auflösen der Zersetzungsproduk- te in Wasser.

Nach dem von uns benutzten Verfahren wurden 200g Aluminiumspäne mit 1l einer 1,9molaren Salzsäure am Rückfluß bei Siedetemperatur umgesetzt. Nachdem ein Basizitätsgrad von 2,5 erreicht war, der einem Molverhältnis n_{Al}/n_{Cl} = 1,9 entspricht, wurde das nicht umgesetzte Aluminium abfiltriert. Danach wurden verschiedene Mischungen der Stammlösung mit Ethanol hergestellt, so daß Mischungen folgender Bruttozusammensetzung entstanden:

Mischung 1: 2,3mol Al/l Mischung(= 40% Ethanol + 60% Wasser)
Mischung 2: 2,0mol Al/l Mischung(= 50% Ethanol + 50% Wasser)
Mischung 3: 1,6mol Al/l Mischung(= 60% Ethanol + 40% Wasser)
Mischung 4: 1,3mol Al/l Mischung(= 70% Ethanol + 30% Wasser)
Mischung 5: 0,9mol Al/l Mischung(= 80% Ethanol + 20% Wasser).

Teilchengrößenverteilung in basischen Aluminiumchloridlösungen

Zur Bestimmung der Größenverteilung von Feststoffen, die in den Mischungen 1 bis 5 enthalten sind, wurden die Lösungen zunächst durch einen Zellulosemischesterfilter mit einer mittleren Porengröße von 1,2µm filtriert, um große Staubpartikel zu entfernen. Bei einer Temperatur von 25°C wurde unter einem Beobachtungswinkel von 90° die Streulichtintensität gemessen, die mit einer Laserlichtleistung von 300mW erzeugt wurde. Nach der Auswertung der zeitlichen Autokorrelationsfunktion der Intensität wurde der prozentuale Intensitätsanteil von Teilchengrößenklassen ermittelt. Da durch die Umrechnung in die prozentuale Teilchenzahlverteilung einige Details verloren gehen, werden in den Abbildungen 1 bis 3 die Intensitätsverteilungen selbst angegeben. Die Normierung der Funktion erfolgt kumulativ für die Größenklassen. Jeder eingezeichnete Meßpunkt entspricht der mittleren Teilchengröße eines Größenbereichs. Die Breite der Bereiche ist nicht einheitlich und wird im Verlaufe der Iterationsprozedur vom Auswerteprogramm selbst zweckmäßig festgelegt.

Die Verteilungsfunktionen der Abb. 1 für die 3 Monate alten Mischungen (Seriennummer = Mischungsnummer) zeigen einen Streupeak bei 2,0nm bis 2,3nm mit relativ geringer Halbwertsbreite und einen zweiten sehr breiten Peak bei wesentlich größeren Teilchen. Die Lage des ersten Minimums ist unabhängig von der Ethanolkonzentration, seine Höhe wächst jedoch mit steigender Ethanolkonzentration stark an. Offensichtlich handelt es sich um die Streuung an relativ stabilen Primärteilchen, die wahrscheinlich als Polykationen des Aluminiums anzusehen sind. Der zweite Peak verschiebt sich mit wachsender Ethanolkonzentration zu kleineren Teilchengrößen hin, gleichzeitig nimmt die Polydispersität ab. Eine Erklärung dieses Effektes kann darin bestehen, daß es sich hier um relativ lose Agglomerate der 2nm-Polykationen handelt. Die Agglomerate werden durch Ethanol peptisiert. Die Ethanolmoleküle können wahrscheinlich an der Oberfläche der Primärteilchen chemisorbiert werden, wodurch ein Abschirmungseffekt gegen die Agglomeration entsteht. Die These der losen Aggregatbildung anstelle von Polykondensationsreaktionen wird durch Messungen an nochmals filtrierten Proben gestützt, deren Ergebnisse in Abb. 2 dargestellt sind. Nach Filtration mit einem 220nm-Filter verändert sich die Teilchengrößenverteilung in allen 5 Mischungen zu kleinen Teilchen hin. Der 2nm-Peak bleibt erwartungsgemäß unverändert, die großen Teilchen peptisieren zu relativ kleinen Aggregaten, die einen für alle Mischungen eng beieinanderliegenden Streulichtpeak mit einem Maximum zwischen 5nm und 7nm erzeugen. Der Vergleich der beiden Abbildungen 1 und 2 zeigt deutlich, daß nicht einfach die größeren Teilchen herausgefiltert wurden, sondern daß die Scherung beim Durchströmen der Filterporen die größeren Aggregate zerstört.

Filtrationsversuche mit 450nm- und mit 800nm-Filtern zeigen ebenfalls die Tendenz, daß die Erhöhung der Ethanolkonzentration und die Verringerung

der Filterporendurchmesser die Teilchengrößenverteilung in dieselbe Richtung der kleineren Teilchnegrößenbereiche verschieben.
Die gefundene Teilchengrößenverteilung gestattet die Interpretation des Systems sowohl als Oligomerlösung (2nm-Teilchen) oder Polymerlösung (5nm-7nm-Teilchen) als auch als Aluminiumchloridsol (größere Agglomerate der primären Oligo- und Polykationen). Neben durchzuführenden strukturanalytischen Untersuchungen könnten Messungen des Wasserdampfgleichgewichtsdruckes, des osmotischen Druckes, viskosimetrische Messungen und die Untersuchung der Teilchenformen mit Methoden der Lichtstreuung weiteren Aufschluß über die Systemzusammensetzung und -charakterisierung liefern. Der zeitliche Verlauf der Verteilungseinstellung ist in diesem Zusammenhang ebenfalls von Interesse. Erste Untersuchungen zur Kinetik lassen erkennen, daß die charakteristischen Einstellzeiten in Abhängigkeit von den experimentellen Bedingungen in der Größenordnung von mehreren Stunden bis wenigen Tage liegen. In Abb. 3 ist die Intensitätsverteilung der Mischung 4, die mit einem 450nm-Filter filtriert wurde, in Abhängigkeit von der Zeit nach der Mischungsprozedur aufgetragen. Serie 1 entspricht einem Alter von 5min, Serie 2 einem Alter von 10 Tagen, die Serie 3 gehört zur 3 Monate alten Mischung. Zusätzliche Messungen des Effekts der Zugabe geringer Wassermengen auf das Aggregationsverhalten zeigen im Diffusionsexperiment, daß die Agglomeration zu großen Teilchen etwa einen Tag andauert und im Verlaufe eines weiteren Tages vollständig rückgängig gemacht werden kann /9/. Die Ausgangsverteilung stellt sich nach 2 Tagen identisch wieder ein. Während die Zuordnung der größeren Teilchen zu Agglomeraten und die Identifikation der kleinen 2nm-Partikel als Polykationen durch die Untersuchungen plausibel gestützt werden, bleibt die Natur der Teilchen mit einer Größe zwischen 5nm und 20nm eine offene Frage.

Zusammenfassung

Die Untersuchung der basischen Aluminiumchloridlösungen zeigte, daß die dynamische Lichtstreuung eine geeignete Methode für die Bestimmung von Teilchengrößenverteilungen in diesen komplexen Systemen darstellt. Als Vorteile der Methode sind vor allem anzusehen, daß das System während der Messung nicht verändert oder zerstört wird und daß die Messungen relativ schnell erfolgen. Damit bietet die Methode gute Voraussetzungen für kinetische Messungen.
Es konnte gezeigt werden, daß in den verdünnten basischen Aluminiumchloridlösungen mindestens zwei prinzipiell verschiedene Typen dispergierter Teilchen vorkommen: stabile etwa 2nm große Polykationen und durch die experimentellen Bedingungen in ihrer Größe beeinflußbare Agglomerate mit einer breiten Größenverteilung.

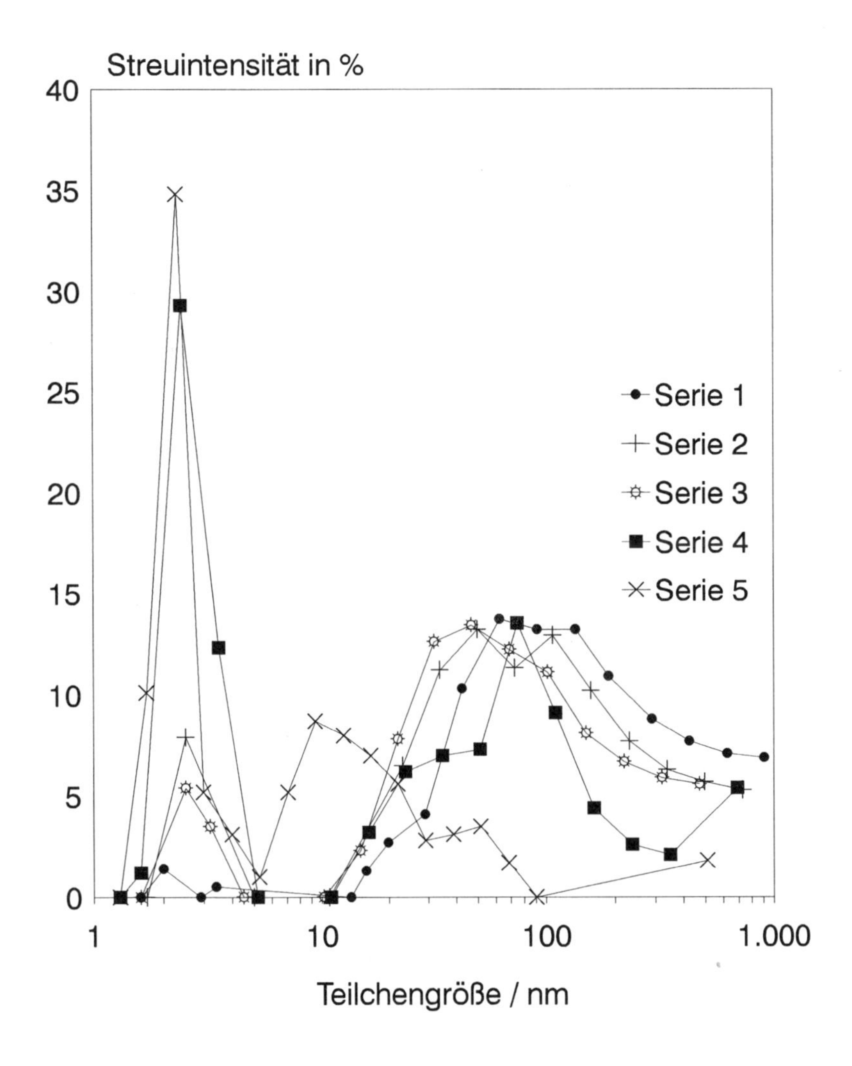

Abb.1 Streuintensität von Aluminiumchloridlösungen
3 Monate nach der Herstellung, 1,2μm Filter

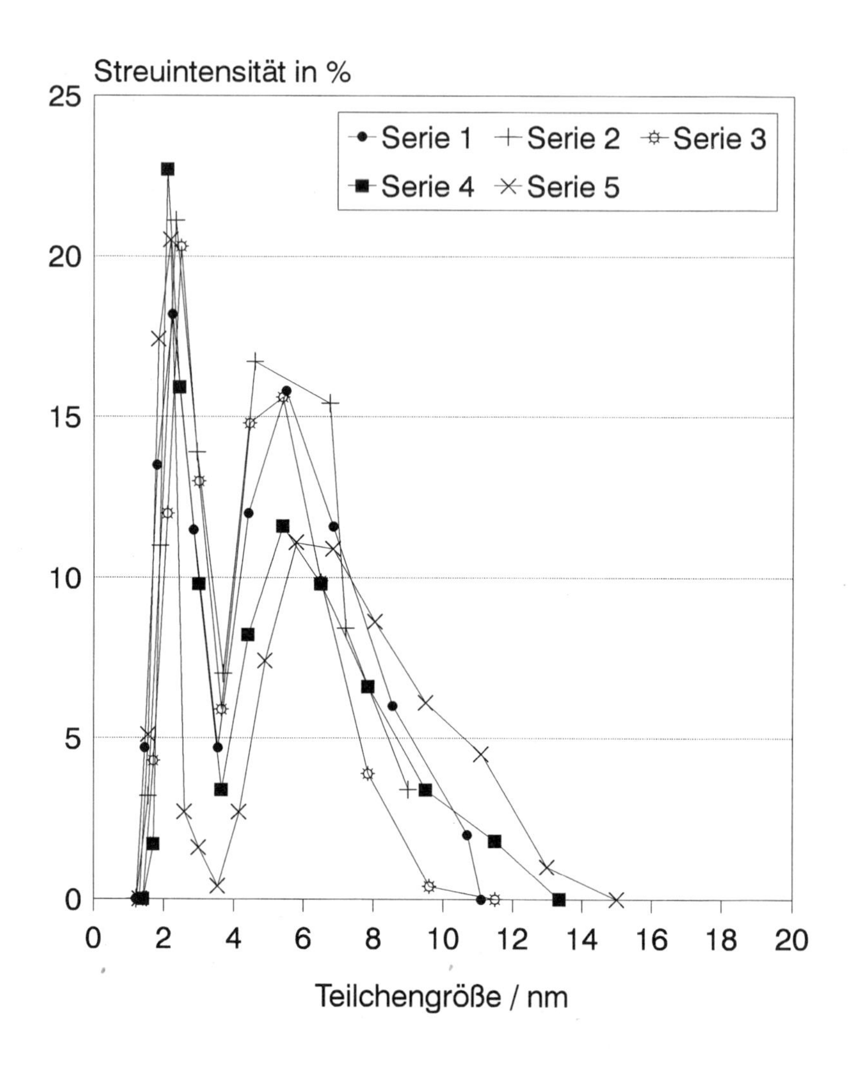

Abb.2 Streuintensität von Aluminiumchloridlösungen
3 Monate nach der Herstellung, 220nm Filter

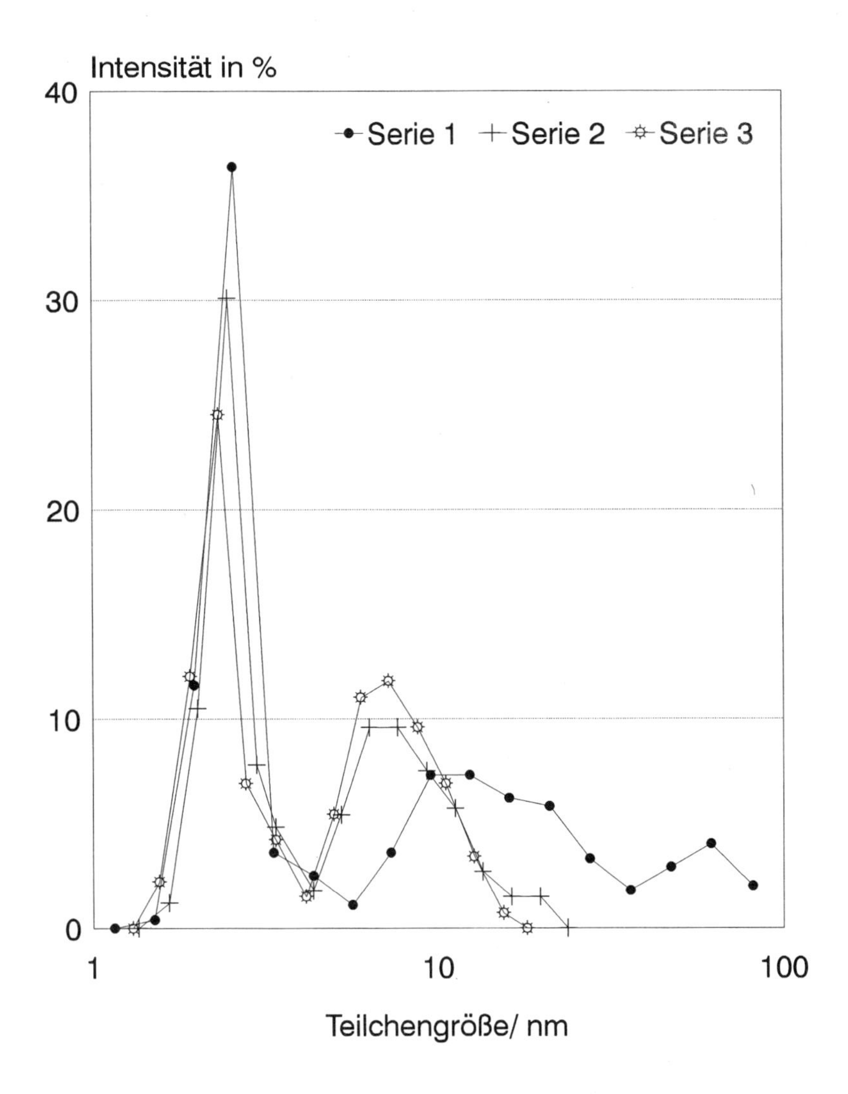

Abb.3 Streuintensität von Aluminiumchloridlösungen verschiedenen Alters, 450nm Filter

Für die Förderung der Arbeiten durch den Fonds der Chemischen Industrie sei herzlich gedankt.

Literatur

/1/ FITZGERALD, J. in "Antiperspirants and Deodorants" (Cosmetic Science and Technology Series Vol. 7, ed. by Karl Laden, Carl B. Felger) Marcel Dekker New York 1988, p. 119

/2/ AKITT, J.W.;FARTHING, A. J. Chem. Soc. Dalton Trans. (1981) 1617

/3/ SCHÖNHERR,S.;GÖRZ,H. u. BERTRAM, R. PH Potsdam wiss.Zeitschrift 31 (1987) 67

GESSNER, V.W.; WINZER, M. Z. Anorg. Allgem. Chem. 452 (1979) 151

/4/ DOBREV, C.; TRENDAFELOV, D.; DOBREVA, P. Freiberger Forschungshefte A653 (1981) 129

/5/ AVESTON, J. J. Chem. Soc.(London) 111 (1965)

/6/ PATTERSON, J. H.; TYRELL, S. Y. jr. J. Coll. Interf. Sci. 43 (1973) 389

/7/ BRAND, P.; TROSCHKE, R.; WEIGELT, H. Cryst. Res. Techn. 24 (1989) 671

/8/ BRAND, P.; DIETZMANN, P. Cryst. Res. Techn. 27 (1992) 529

/9/ ANGERMANN, T. Diplomarbeit, TU Bergakademie Freiberg 1992

Chemische Präparation von Al_2O_3-ZrO_2-Pulvern für Dispersionskeramiken

von K. Bohmhammel u. B. Christ, Freiberg

1. Einleitung

Die Entwicklung von Keramiken mit extremen Werkstoffeigenschaften erfordert schon den Ausgangsstoffen, den keramischen Pulvern, definierte und reproduzierbare Eigenschaften. Insbesondere die Forderung eines optimierten Gefüges bzw. im gleichen Verständnis des mikrostrukturellen Konstruieren ist allein von den klassischen keramischen Verfahren, Mahlen, Pressen und Sintern, nicht zu erfüllen /1/. Deshalb haben in den letzten 15 Jahren chemische Methoden zur Herstellung keramischer Pulver eine bemerkenswerte Aufmerksamkeit gefunden /2/. Die hier behandelte Dispersionskeramik stellt einen Zweiphasenwerkstoff dar: In einer Al_2O_3-Matrix sind ZrO_2-Teilchen dispers verteilt. Die mechanischen Eigenschaften dieser Keramik setzten sich nicht additiv aus denen der Randkomponenten zusammen, sondern man beobachtet einen Verstärkungsmechanismus /3/, der weitestgehend geklärt ist /4/ und im wesentlichen mit dem Modifikationswechsel des ZrO_2 tetragonal/monoklin in der Matrix unter Wirkung mechanischer Kräfte zusammenhängt.

Der Verstärkungsmechanismus erfordert die Einstellung eines bestimmten Gefüges:

1. Die ZrO_2-Phase muß in der Al_2O_3-Matrix fein verteilt sein, Domänen sind auszuschließen. Daraus ist ein oberer kritischer Durchmesser der ZrO_2-Teilchen abzuleiten (ca. 2 µm).
2. Die ZrO_2-Phase muß zum überwiegenden Teil in der tetragonalen Modifikation (ca. 70 %) vorliegen /5/.
3. Es existiert ein unterer kritischer Durchmesser der ZrO_2-Teilchen (0,2-0,7 µm) /6, 7, 8/, ab dem die tetragonale Phase durch die Änderung der freien Oberflächenenthalpie (mechanisch) stabilisiert wird.

Die mechanische Stabilisierung der tetragonalen ZrO_2-Phase kann durch Dotierung 2- oder 3-wertiger Kationen (Ca, Mg, Y) unterstützt werden /9, 19/. Die genannten Erfordernisse können durch eine Mischmahlung eines Al_2O_3- und ZrO_2-Pulvers nur annähernd erreicht werden. In dieser Arbeit wird deshalb eine chemische Präparationsmethode vorgestellt, deren Ziele ein optimiertes Al_2O_3-ZrO_2-Pulver und der Ausschluß einer Mischmahlung sind. Ausgehend von $AlCl_3$- und $ZrOCl_2$-Lösungen werden mit Ammoniaklösungen kontinuierlich in 2 Schritten die Hydroxide gefällt. Waschen, Trocknen und Calcinieren der Niederschläge führen schließlich zu den Oxidpulvern. Systematisch wurden das Fällungsregime und die Fällungsparameter (Temperatur, pH-Wert, Konzentrationen der Lösungen) variiert. Diese Variation innerhalb eines vorgegebenen Versuchsplanes wurde in Beziehung gesetzt zu den Eigenschaften der Oxidpulver, wie Korngrößenverteilung, Phasenbestand und spezifische Oberfläche.

Ausgearbeitete Fällungsmethoden existieren insbesondere für die gezielte Präparation von teil- und vollstabilisiertem ZrO_2. Bekannt sind Fällung als Hydroxide /11, 12/, Carbonate /13/, Oxalate /14/ und Citrate /15/. Weiterhin wurde die Hydrolyse von Alkoxiden unter Nutzung der Sol-Gel-Technologie intensiv untersucht /16, 17/.

Die Auswahl des Fällungsregimes war in dieser Arbeit so zu lösen, daß eine lokal gemeinsame Fällung von Aluminium und Zirkonium ausgeschlossen werden mußte, da Voruntersuchungen gezeigt hatten, daß diese Fällungsart in Bezug auf die Parameter des Oxidpulvers keine reproduzierbaren Ergebnisse liefert. Deshalb wurde die Fällung räumlich getrennt aber kontinuierlich durchgeführt, indem in einem 1. Reaktionsgefäß zunächst eine Ionenart vollständig ausgefällt wurde, und anschließend in einem 2. Reaktionsgefäßt die Präcipitation der 2. Ionensorte erfolgte.

Als Fällungsmittel kamen ausschließlich Ammoniaklösungen zur Anwendung, da mit anderen Mitteln (z.B. Ammoniumhydrogencarbonat-Lösungen) nur schleimige und daher schwer filtrierbare Niederschläge resultierten /18/.

2. Experimentelles

Die angewendete Fällungsapparatur zeigt Abb. 1. Mittels Dosierpumpen werden dem 1. Reaktionsgefäß die Metallsalzlösung I und die gesamte NH_3-Lösung zugeführt. Die gebildete Suspension strömt in das Reaktionsgefäß 2 und wird dort mit der Metallsalzlösung II vereinigt. Anschießend erfolgt die Filtration. Die Reaktionsgefäße sind thermostatiert. Außerdem werden die Lösungen vor der Fällung auf die Reaktionstemperatur vorgewärmt.

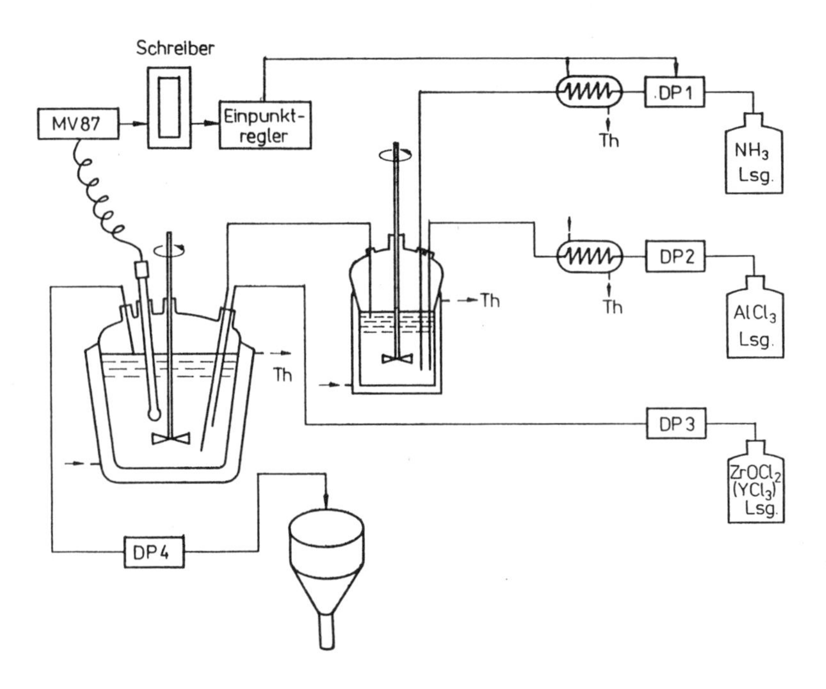

Abb. 1 Die Fällungsapparatur

Die Volumenströme der $AlCl_3$- und der $ZrOCl_2$ (YCl_3)-Lösungen werden entsprechend der beabsichtigten Zusammensetzung der Oxidpulver konstant eingestellt. Die Regelung des Volumenstromes der NH_3-Lösung erfolgt so, daß ein vorgegebener Soll-pH-Wert im Reaktionsgefäß 2 mittels einer 1-Punkt-Regelung konstant gehalten wurde. Mittels der Regelstrecke pH-Elektrode (Forschungsinstitut Meinsberg), Digital-pH-Meter (Präzitronik Dresden) Schreiber

(MAW Magdeburg), 1-Punktsregler und schaltbare Dosierpumpe (Unipan, Polen) konnte eine Regelgenauigkeit von ± 0,1 pH-Einheiten erreicht werden.

Um eine weitere Einflußgröße auf die Morphologie der Niederschläge zu besitzen, kann wahlweise zwischen 1. und 2. Reaktionsgefäß eine 2 m lange thermostatierbare Glasschlange geschaltet werden, um eine Reifung bzw. Alterung des 1. Niederschlages zu bewirken.

Das Volumen des Reaktionsgefäßes 1 beträgt ca. 0,1 l, das des Reaktionsgefäßes 2 ca. 1 l. Der Durchsatz von 8,6 l/h Lösung entspricht ca. 100 g Oxidpulver,

Die Salzlösungen wurden durch Auflösen von p.a.-Chemikalien ($AlCl_3*6H_2O$, $ZrOCl_2*8H_2O$) in desionisiertem Wasser hergestellt. Dreimaliges Waschen mit heißem Wasser führte zu chloridfreien Niederschlägen. Diese Niederschläge wurden anschließend gefriergetrocknet. Die Überführung in die Oxide durch Calcination erfolgte bei 1300 °C und einer Dauer von 2 h. Die Calcinationstemperatur wurde deshalb so hoch gewählt, um die vollständige Umwandlung des Al_2O_3 in die α-Modifikation zu gewährleisten. Die Vergleichbarkeit zu durch Mischmahlung hergestellten Oxidpulver /5/ sollte so gewährleistet sein. Von ausgewählten Oxidpulvern wurden die keramischen Eigenschaften bestimmt, wie die Grün- und die Sinterdichte, das Sinterverhalten und die Biegebruchfestigkeit der Sinterkörper. Die Versatzherstellung erfolgte nach den in /5/ beschriebenen Vorschriften: Mischen der Oxidpulver mit Preßhilfsmitteln (2 % Glycerin, 0,7 % PVA) und Sinterhilfsmitteln (0,08 % $MgCl_2*6H_2O$) in einer Labor-Planeten-Kugelmühle, anschließende Gefriertrocknung und Granulierung. Die Versätze wurden zu Stäben mit den Abmessungen 5 x 5 x 40 mm bei einem Druck von 150 MPa verpreßt. Nach einem Vorbrand bei 750 °C mit einer Haltezeit von 2h erfolgte die 2-stündige Sinterung bei 1800 °C in einer Wasserstoffatmosphäre. Die Biegebruchfestigkeit wurde mit Hilfe der Dreipunktmethode bestimmt. Die Ermittlung der Gründichte geschah geometrisch, die der Sinterdichte durch die Auftriebsmethode.

Die quantitative Phasenanalyse der Oxidpulver und der gemahlenen Sinterkörper in bezug auf die Phasenanteile an α-Al_2O_3, t-ZrO_2 und m-ZrO_2 wurden röntgenografisch mittels des rechnergekoppelten Horizontalrohrgoniometers HZG 4 (Präzisionsmechanik Freiberg) durchgeführt /19/.

Zur Indikation der Kristallisation von ZrO_2- und Al_2O_3-Phasen erfolgten DTA-Aufnahmen mittels eines Thermoanalyzers der Firma Setaram im Temperaturbereich von 20°- 1350 °C.

Zur Bestimmung der spezifischen Oberfläche der Oxidpulver kam die 3-Punkt-BET-Methode zur Anwendung.

Zur chemischen Analyse (Al, Zr, Cl) der Fällungsprodukte und der Oxidpulver war zunächst ein Aufschluß notwendig. Der Chlorid-Gehalt der Aufschlußlösung wurde potentiometrisch, der Al- und Zr-Gehalt komplexometrisch bestimmt. Einzelheiten sind in /19/ beschrieben.

3. Ergebnisse und Diskussion

3.1. Fällungsart

Versuche haben gezeigt, daß die gemeinsame Fällung von Zr und Al wegen der vergleichbaren pH-Werte der Äquivalenzpunkte möglich ist. Eine Variation ist nur in engeren Grenzen möglich. So liegt das ZrO_2 im Calcinat nur in der tetragonalen Form vor, d.h., die ZrO_2-Teilchen sind so klein, daß sie mechanisch stabilisiert sind. Außerdem erschien eine gezielte Dotierung des ZrO_2 unmöglich.

Die bereits beschriebene getrennte Fällung war mit folgenden Gesichtspunkten bzw. Erkenntnissen verbunden:

1. In dem 1. Reaktionsgefäß wird entweder Al oder Zr mit der gesamten NH_3-Menge umgesetzt. Der resultierende hohe pH-Wert sollte wie bekannt /20, 21/ zu einer schwachen negativen Aufladung der Precipitate führen.

2. Die schwach negativ geladenen Teilchen initiierten die Anwen-

dung eines kationischen oberflächenaktiven Stoffes. Das erwartete Resultat, Verbesserung der Filtrierbarkeit der Niederschläge und Verringerung der Agglomeratbildung, konnte durch Zusatz eines Alkyl-quarternären Ammoniumsalzes zum Fällungsmittel bestätigt werden. Mittels Oberflächenspannungs- und Sedimentationsgeschwindigkeits-Messungen konnte nachgewiesen werden, daß das Kationics vom Niederschlag adsorbiert wird.

3. In dem 2. Reaktionsgefäß wird auf das bereits gebildete Hydroxid das 2. Hydroxid aufgefällt, so daß dadurch die generierte Morphologie des 1. Hydroxides stabilisiert und eine Gravitationstrennung der beiden Hydroxide vermieden werden sollte. Die Wahl der Reihenfolge der Fällung bot eine weitere Variationsmöglichkeit an.

4. Aus der Kenntnis heraus, daß frisch gefällte Hydroxidniederschläge die beste Filtrierbarkeit aufweisen /21/, schloß sich die Filtration unmittelbar an die Fällung an.

3.2. Die Konzentrationen der Lösung und Fällungstemperatur

Die Konzentration der Metallsalzlösungen wird durch zwei gegenläufige Effekte bestimmt:

1. Homogene, gut filtrierbare und wenig zur Adsorption von Fremdionen neigende Niederschläge erhält man bei geringen Konzentrationen, hohe Konzentrationen führen zu hochviskosen Suspensionen, die kaum filtrierbar und waschbar sind.

2. Auf der anderen Seite sollte die Konzentration möglichst hoch sein, um akzeptable Durchsätze zu erzielen.

Filtrationsexperimente und die Bestimmung des Chlorid-Gehaltes in den Niederschlägen wiesen aus, daß die Konzentrationen C_{Al} = 0,35 mol/l und C_{Zr} = 0,1 mol/l in dem genannten Verhältnis ein Optimum darstellen.

Die Ammoniak-Konzentration sollte möglichst hoch sein, um die angestrebten hohen pH-Werte (s. 3.3.) zu gewährleisten. Unter Berücksichtigung einer möglichst hohen Fällungstemperatur und des mit dieser Temperatur im Zusammenhang stehenden NH_3-Partialdruckes des Fällungsmittels wurde eine Temperatur von ϑ = 60 °C und eine Konzentration C_{NH3} = 2,9 mol/l festgelegt.

3.3. pH-Wert der Fällung

Der pH-Wert der Fällung wurde durch Variation der NH_3-Menge bezogen auf die notwendige äquivalente Menge systematisch in den Grenzen von 7,8 bis 8,9 verändert. Diese Variation war Bestandteil des Versuchsplanes.

Bekannt ist, daß die Primärteilchengröße der Niederschläge mit zunehmendem pH-Wert ein Maximum durchläuft /20/. Dieses Maximum ist gegenläufig mit einem Minimum in der Agglomerationsneigung und der Adsorption von Fremdionen verbunden. Es konnte gezeigt werden, daß die Lage des Maximums bzw. Minimums nahezu mit dem isoelektrischen Punkt der Niederschläge identisch ist. In Übereinstimmung mit Literaturwerten /22/ ergaben sich aus der Messung der Sedimentationsgeschwindigkeit für $Al(OH)_3$ ein Wert von pH = 9,2 und für Zirkoniumoxyhydrat ein Wert von pH = 7,8. Für die Mischfällung resultierte abhängig vom beabsichtigten ZrO_2-Gehalt (15-30 Masse-%) ein pH-Wert von 8,7 bis 8,9 gleichbedeutend einem NH_3-Überschuß von 15 bis 25 %.

3.4. Die Calcination

Die Entstehung der kristallinen Oxidphasen in Abhängigkeit von der Calcinationstemperatur, untersucht mittels DTA und Röntgendiffraktometrie, ist in den Mischpräzipitaten im Vergleich zu den reinen Präzipitaten erheblich verändert und insbesondere zu höheren Temperaturen verschoben. Reines Zirkoniumoxyhydrat kristallisiert bei ca. 420 °C spontan zu tetragonalem ZrO_2 /23/, das sich bei 800 bis 900 °C teilweise zu monoklinem ZrO_2 umwandelt, um schließlich oberhalb von 1100 °C wieder vollständig als tetragonales ZrO_2 vorzuliegen. Das Aluminiumhydroxid zeigt die bekannten Abbaufolgen, die Umwandlung zu α-AL_2O_3 erfolgt bei ca. 1100 °C, gut detektierbar mit Hilfe der DTA. Die DTA-Kurve der Mischpräzipitate weist erkennbar keine Kristallisations- bzw. Umwandlungseffekte aus, d.h., die Bildung der kristallinen Phasen erfolgt nicht bei einer konkreten Temperatur, sondern in einem relativ breiten Temperaturintervall. Damit in Verbindung sind die Temperaturen der vollständigen Umwandlung zu höheren Werten verschoben. So ist das ZrO_2 erst bei 800 °C vollständig kristallisiert, die Umwandlung in α-Al_2O_3 ist bei ca. 1230 °C abgeschlossen. Dieser Befund ist mit einer homogenen Verteilung der Al_2O_3- und ZrO_2-Bezirke zu erklären, d.h., daß jedes Al_2O_3-Teilchen von ZrO_2-Teilchen umgeben sein sollte bzw. umgekehrt. In jedem Teilchen müssen die Prozesse Kristallbildung und Kristallwachstum isoliert ablaufen, die Ausbildung einer Reaktionsfront ist nicht möglich. So wird in dem vorliegenden Falle der Vorteil der homogenen Phasenverteilung durch die notwendige höhere Calcinationstemperatur abgeschwächt.

3.5. Die Eigenschaften der Calcinate

In einer ersten Versuchsreihe wurden folgende Bedingungen innerhalb eines Versuchsplanes systematisch geändert:

1. die Reihenfolge der Fällung
2. der NH_3-Überschuß
3. die Alterung des 1. Niederschlages
4. der Zr- bzw. ZrO_2-Gehalt,

während die anderen Bedingungen konstant gehalten wurden. Das ZrO_2 blieb undotiert. Einzelheiten des Versuchsplanes und dessen Auswertung sind in /19/ beschrieben. Hier sollen nur die wichtigsten Ergebnisse dargestellt werden.

Einen bedeutenden Einfluß auf die mechanischen Eigenschaften von Dispersionskeramiken hat das Verhältnis der t- zur m-Modifikation in den ZrO_2-Teilchen /5/. In dem vorliegenden Fall des undotierten ZrO_2 kann die t-Modifikation nur mechanisch stabilisiert werden, d.h., die Kristallitgröße muß kleiner als 0,7 μm sein.

In Abb. 2 ist der prozentuale Gehalt an tetragonalem ZrO_2 in Abhängigkeit vom ZrO_2-Gehalt des Oxidpulvers dargestellt. Parameter der 4 Kurven sind die alternativ eingesetzte Alterung des 1. Niederschlages und die Reihenfolge der Fällung. Zunächst ist generell festzustellen, daß mit steigendem ZrO_2-Gehalt der Anteil

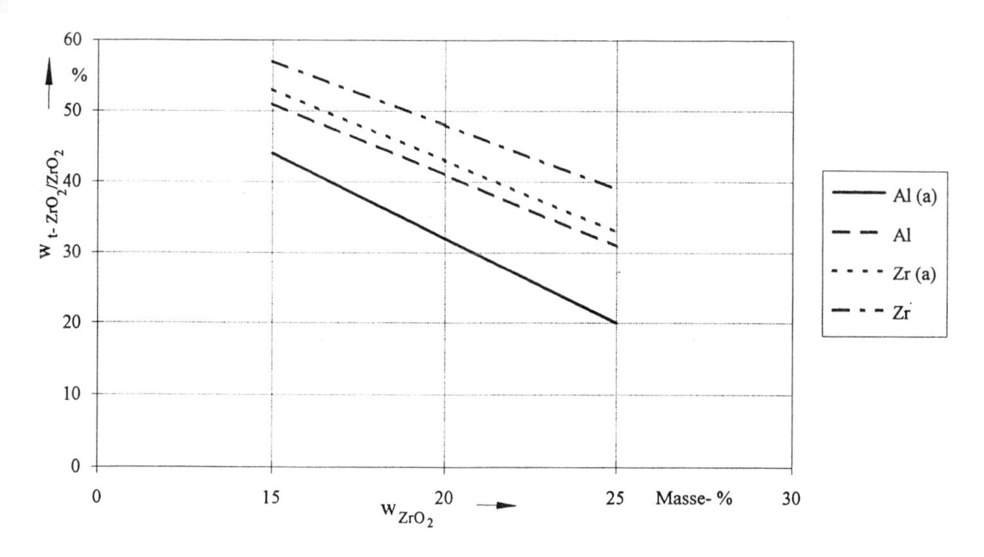

Abb. 2 Der Gehalt an t-Phase in Abhängigkeit vom ZrO_2-Gehalt

an t-Phase abnimmt. Dieser Zusammenhang ist in dem untersuchten Bereich nahezu linear. Der negative Anstieg der Geraden ist unabhängig von den Versuchsparametern. Aus der unterschiedlichen Lage der Geraden ist abzuleiten, daß der Phasenbestand an t - ZrO_2 durch die Wahl der Versuchsparameter in bestimmten Grenzen zu variieren ist. Da das ZrO_2 nicht dotiert ist, muß die t-Phase mechanisch stabilisiert sein, d.h., die dargestellte Abhängigkeit in Abb. 2 kann allein durch die Größe der ZrO_2-Bezirke erklärt werden. Die t-Phase ist existent, wenn die Kristallite die kritische Größe von ca. 0,7 µm unterschreiten. Damit ist zunächst der negative Anstieg der in Abb. 2 dargestellten Abhängigkeit verständlich, da mit zunehmenden ZrO_2-Gehalt die Bildung größerer ZrO_2-Bezirke wahrscheinlicher wird. Gleichermaßen ist die Abhängigkeit von der Reihenfolge der Fällung einzuordnen. Wird zuerst das Zirkonium gefällt, so umhüllt der in der 2. Stufe gefällte $Al(OH)_3$-Niederschlag die Zirkoniumoxyhydrat-Teilchen. Bei der anschließenden Calcination sollte ein Wachstum von ZrO_2-Kristalliten dadurch fast ausgeschlossen sein.

Die Alterung des 1. Niederschlages bewirkt generell eine Abnahme des t-Phasenanteiles. Dieser Effekt ist besonders markant, wenn zuerst Aluminium gefällt wird. Das ist in Übereinstimmung mit der Kenntnis, daß sich die Eigenschaften von $Al(OH)_3$, z.B. Filtrierbarkeit /21/, in Abhängigkeit von der Alterungszeit sehr schnell ändern.

Einen ausweisbaren Einfluß hat die Alterung auf die Agglomeratbildung, die ihre Wiederspieglung in der Korngrößenverteilung findet. In Abb. 3 ist ein typisches Resultat dargestellt. Man erkennt deutlich, daß die Alterung die Agglomeratbildung vermindert.

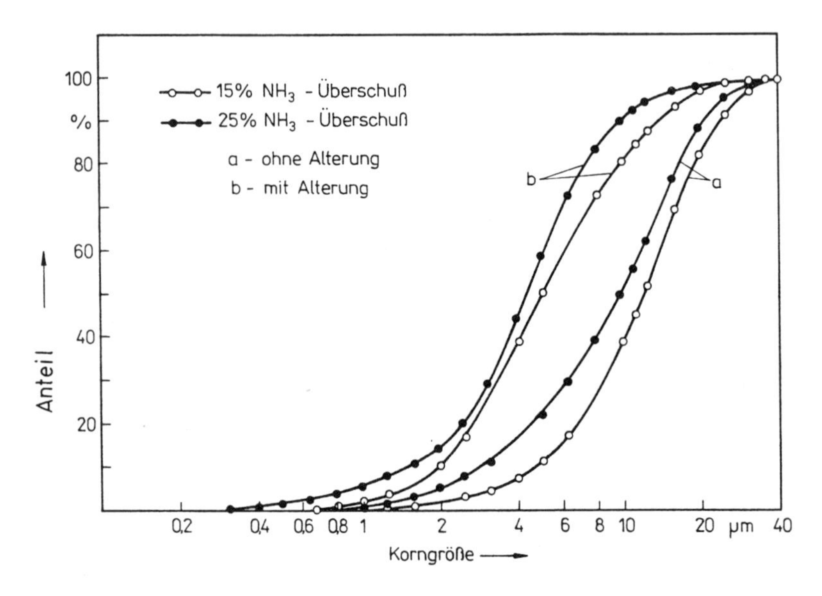

Abb. 3 Ausgewählte Korngrößenverteilungen von Oxidpulvern

Die Werte der spezifischen Oberflächen der Oxidpulver liegen im Bereich von 4 bis 8 m^2/g, die relativen Dichten (bezogen auf die theoretische Dichte) im Bereich von 95 bis 99 %. Ein eindeutiger Zusammenhang zu den Fällungsbedingungen ist nicht herzustellen. Dagegen besteht zwischen spezifischer Oberfläche und theoretischer Dichte eine strenge Korrelation.

Auf Grundlage des Versuchsplanes wurde innerhalb einer 2. Versuchsreihe die Dotierung des ZrO_2 mit Y_2O_3 systematisch in den Grenzen von 0,5 bis 2,5 Mol-% Y_2O_3 (bezogen auf ZrO_2) variiert.

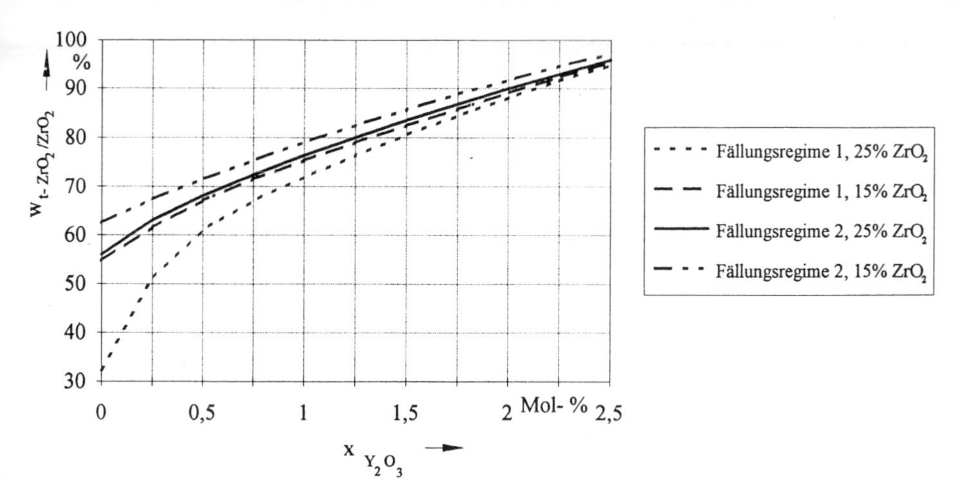

Abb.4 Die Abhängigkeit des t-Phasenanteiles in Abhängigkeit vom Y_2O_3-Gehalt

In Abb. 4 ist das Ergebnis in bezug auf die Abhängigkeit des Phasenanteils an t-ZrO_2 vom Y_2O_3-Gehalt dargestellt. Die Stabilisierung der t-ZrO_2-Phase durch die Y_2O_3-Dotierung entspricht den Erwartungen. Aus einer früheren Arbeit /25/ war bekannt, daß eine Y_2O_3-Dotierung von 3 Mol-% zu einer vollständigen Stabilisierung führt. Die Abstufung der in Abb. 4 dargestellten Abhängigkeiten entspricht den schon vorher interpretierten Einflüssen. Es ist aber ersichtlich, daß diese Einflüsse, Reihenfolge der Fällung und ZrO_2-Gehalt, mit zunehmenden Y_2O_3-Gehalt abgeschwächt werden.

Aus den ermittelten Werten der spezifischen Oberfläche wurden unter Annahme von kugelförmigen Teilchen die mittleren Teilchendurchmesser berechnet. Das Verhältnis dieses Durchmessers zu den d_{50}-Wert aus der Korngrößenverteilung ergibt eine mittlere Agglomerationszahl, deren Abhängigkeit vom Phasenanteil an t-ZrO_2 in Abb. 5 dargestellt ist. Deutlich ist die geringere Agglomeratneigung erkennbar, wenn zuerst Zirkonium gefällt wird.

3.6. Die Sintereigenschaften und die Biegebruchfestigkeit

Von ausgewählten Pulvern der beiden Versuchsreihen wurden Versätze nach den in /5/ beschriebenen Vorschriften hergestellt. Die gefriergetrockneten Versätze wurden zu Stäben gepreßt, bei

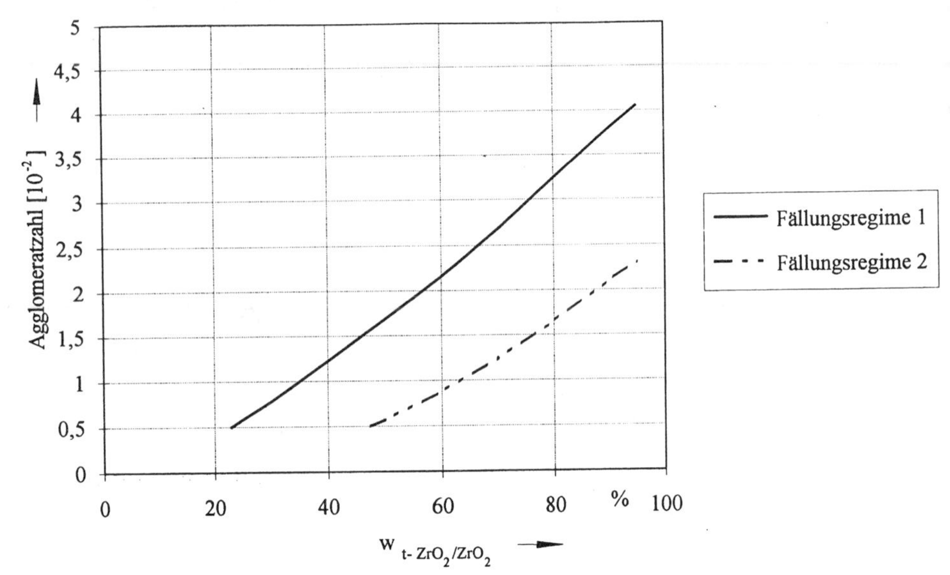

Abb. 5 Die mittlere Agglomeratzahl in Abhängigkeit von dem Gehalt an t-Phase

750 °C vorgebrannt und bei 1800 °C in einer H_2-Atmosphäre gesintert. Parallel dazu erfolgte die Dichtebestimmung der Sinterkörper in Abhängigkeit von der Temperatur. Die Bestimmung der Biegebruchfestigkeit geschah mittels der Dreipunktmethode. In Tabelle 1 sind die Ergebnisse aufgelistet.

Folgende Schlußfolgerungen sind möglich:

1. Die Gründichte ist relativ gering (ca. 40 % der theoretischen Dichte). Trotzdem beobachtet man einen bemerkenswert dichten Sinterkörper (offene Porosität kleiner 1 %) mit einer relativen Dichte von 96-100 %.

2. Der Gehalt an t-ZrO_2 nimmt während des Sintern rapide ab. Die mechanische Stabilisierung wird aufgehoben, d.h., ZrO_2-Teilchen müssen während des Sinterns zusammenwachsen.

3. Der Einfluß der Y_2O_3-Dotierung auf die Stabilität der t-ZrO_2-Phase hebt sich deutlich ab. Mit einer Dotierung von 2,5 Mol-% wird der als optimal geltende Gehalt von ca. 70 % /5/ erreicht. In Übereinstimmung weist das Ergebnis einer früheren Arbeit /25/ bei einer Dotierung von 3 Mol-% einen

Tabelle 1: Ergebnisse der Sinteruntersuchungen

	Gehalt ZrO_2 Masse %	Fäll-regime 1)	Y_2O_3-Dotierung Mol %	Gehalt $T\text{-}ZrO_2$ Pulver Masse %	Gehalt $t\text{-}ZrO_2$ Sinterkörper Masse %	Gründichte gcm^{-3}	rel. Dichte 1700°C	Tv (max) 2) °C	σ_{Bb} MPa
1	13,98	1	-	55,3	11,8	1,75	0,98	1675	186 ± 6
2	23,7	2	-	42.8	4,0	1,66	1,00	1670	192 ± 4
3	24,5	1	-	32,9	3,8	1,78	0,97	1720	126 ± 3
4	14,9	2	-	55,4	6,2	1,75	1,00	1610	174 ± 2
5	23,2	1	-	25,3	5,0	1,78	1,00	1670	138 ± 2
6	18,8	2	-	43,5	5,0	1,74	0,99	1675	163 ± 3
7	14,8	1	-	45,0	6,2	1,82	1,00	1670	180 ± 5
8	24,5	2	-	35,2	5,6	1,74	0,98	1650	156 ± 4
9	16,8	1	0,5	67,1	4,8	1,56	0,98	1750	108 ± 2
10	20,0	1	2,5	95,8	65,0	1,58	0,94	1420	368 ± 7
11	15,9	1	0,5	62,3	5,5	1,65	0,92	1525	83 ± 4
12	28,0	1	2,5	95,2	28,6	1,62	0,96	1400	99 ± 2
13	14,6	2	0,5	70,8	8,9	1,63	0,96	1580	150 ± 6
14	21,3	2	2,5	99,9	75,1	1,66	0,96	1575	298 ± 14
15	26,0	2	0,5	67,2	3,8	1,76	0,96	1590	96 ± 2
16	28,4	2	2,5	97,8	64,1	1,72	0,97	1580	364 ± 6

1.): 1. Fällung = Al; 2: 1. Fällung = Zr   2.): Tv = maximale Sintergeschwindigkeit

Gehalt von 100 % aus.

4. Die Biegebruchfestigkeit korreliert eindeutig mit dem Gehalt des Sinterkörpers an t-ZrO_2. Dabei sind die absoluten Werte der Biegebruchfestigkeit nicht zu diskutieren, da die Calcinationsbedingungen, die Versatzherstellung, die Sinterbedingungen und mechanische Nachbehandlung der Sinterstäbe (Schleifen, Polieren) nicht optimiert wurden.

Auf Grundlage der vorliegenden Untersuchungen sollte für die Herstellung von Al_2O_3-ZrO_2-Pulvern für Dispersionskeramiken durch Mischfällung folgende Bedingungen gewählt werden: 2-Stufenfällung mit einem Ammoniaküberschuß von 25 %, wobei in der 1. Stufe Zirkonium zu fällen ist. Das ZrO_2 sollte mit 2,5 Mol-% Y_2O_3 dotiert sein. Die Ammoniaklösung ist zur Verbesserung der Filtrierbarkeit und zur Verringerung der Agglomerationsneigung der Niederschläge mit einem kationischen oberflächenaktiven Stoff zu versetzen. Der Niederschlag muß durch 2- bis 3-maliges Waschen mit Wasser möglichst chloridfrei sein. Der Entzug der Feuchtigkeit aus dem Niederschlag erfolgt zweckmäßig durch eine Gefriertrocknung. Nach eignen Untersuchungen erscheint auch eine Sprühtrocknung möglich.

Die hier angewendete und von klassischen Verfahren übernommene Versatzherstellung erscheint nicht optimal, da insbesondere durch die notwendige Naßmahlung Eigenschaften des Pulvers verloren gehen, die durch die chemische Präparation erzeugt wurden. Eine Sprühgranulierung ist hier angezeigt. Weitere Untersuchungen sind dazu notwendig.

4. Zusammenfassung

Die chemische Präparation von Al_2O_3-ZrO_2-Pulvern über Stufen ammoniakalische Fällung, Waschen, Trocken und Calcination der Niederschläge wurde systematisch untersucht. Die Fällung erfolgte kontinuierlich in zwei Stufen. Innerhalb eines Versuchsplanes konnten Zusammenhänge zwischen den Fällungsbedingungen (pH-Wert, Reihenfolge der Fällung, Alterung des Niederschlages) und den Eigenschaften der Oxidpulver hergestellt werden. Das betraf insbesondere den Gehalt an tetragonaler Phase der ZrO_2-Teilchen.

Dieser Gehalt bestimmt wesentlich die mechanischen Eigenschaften der aus den Oxidpulvern hergestellten Sinterkörper. Die Versatzherstellung und die Sinterbedingungen müssen Gegenstand weiterer Untersuchungen sein.

Literatur

/1/ Salmang-Scholze: Keramik, Teil 2 Keramische Werkstoffe, Springer-Verlag Berlin, Heidelberg, New York, Tokyo, 1983

/2/ A. Inzenhofer: Sprechsaal, 108 (1975) 484-90; 109 (1976) 224-28; 109 (1976) 451-54

/3/ J.P. Bach, R. Homerin, F. Therenot, G. Orange, G. Fontozzi: 6. CIMTEC, Milano, Italy, (1986) 23-28

/4/ N. Claussen: Z. Werkstofftechn. 13 (1982) 138-47

/5/ St. Bischoff: Dissertation, TU Bergakademie Freiberg (1988)

/6/ N. Claussen, J. Steeb: J. Amer. Ceram. Sol. 59 (1976) 457-58

/7/ M. Rühle, N. Claussen: J. Amer. Ceram. Soc. 69 (1986) 195-97

/8/ F.E. Buresch: Radex-Rundschau (1983) 133-45

/9/ R. Ramme, H. Hauser: Ber. DKG 63 (1986) 373-77

/10/ H. Tagoki: Ber. DKG 62 (1985 195-198

/11/ R. Srimivasan, M.B. Harris, S.F. Simpon. R.J. de Angelis, B.H. Davis: J. Mater. Res. 3 (1988) 787-97

/12/ R. Ragai: Adsorp. Scin. Techn. 6 (1989) 9-17

/13/ E. Luccini, S. Meriani, O. Sbaizero: Int. J. Mater. Prod. Techn. 4 (1989) 167-75

/14/ J.L. Slu; Z.X. Lin: Sol. State Ionics 32/33 (1989) 544-49

/15/ A. Srivastava, ; M.K. Dongare: Mater Letters 5 (1987) 111-15

/16/ J.P. Bach, F. Thevenot, B. Mirholdi, H. Hausner: Rev. Int. Hautes Temper. Retract. 24 (1987) 211-17

/17/ H. Yoshimatsu, Y. Miura, A. Osaka, H. Kaswasaki: J. Mater. Scien. 25 (1990) 961-64

/18/ S. Tunnemeier: Diplomarbeit, TU Bergakademie Freiberg, 1987

/19/ C. Rühle: Diplomarbeit, TU Bergakademie Freiberg, 1989

/20/ B.H. Davis: J. Amer. Ceram. Sol. 67 (1984) C 168

/21/ B. Kawalec-Pietrenko, B. Ruszel-Lichodzijewska
J. chem. Techn. Biotechnol. 35A (1985) 426-30

/22/ H. Remy: Lehrbuch der Anorganischen Chemie, Bd. I., Akadem. Verlagsgesell. Geest & Portig K.-G., Leipzig 1970

/23/ G. Schuster, G. Braun, K. Henkel, G. Querner:
J. Therm. Anal. 33 (1988) 474-7

/24/ P. Schmidt: Diplomarbeit, TU Bergakademie Freiberg, 1990

/25/ U. Kolewa: Diplomarbeit, TU Bergakademie Freiberg, 1988

Untersuchungen zum thermischen Verhalten von Oxometallaten mit LINDQUIST-Struktur

B. Matthes, H. Görz, H. Weiner
Freiberg

Einleitung

Die erste Darstellung eines Oxometallats bzw. einer Polyanionenverbindung gelang 1826 Berzelius /1/, als er das Ammoniumsalz der Dodekamolybdatophosphorsäure erhielt. Seitdem konnten schrittweise sowohl die zur Bildung solcher Verbindungen befähigten Elemente als auch die verschiedenen Strukturen aufgeklärt werden. Eine davon ist die LINDQUIST-Struktur (Abb. 1) $M_6O_{19}^{x-}$. Ihre erste Beschreibung geht auf das Jahr 1953 zurück /2/. In der Folgezeit bestätigte sich dieser Strukturvorschlag; neben Niob bilden auch Tantal, Molybdän und Wolfram Lindquiststrukturen. Für die Strukturaufklärung kamen außer Röntgenstrukturuntersuchungen /3,4,5/ auch schwingungsspektroskopische Untersuchungen zum Einsatz /6,7/.

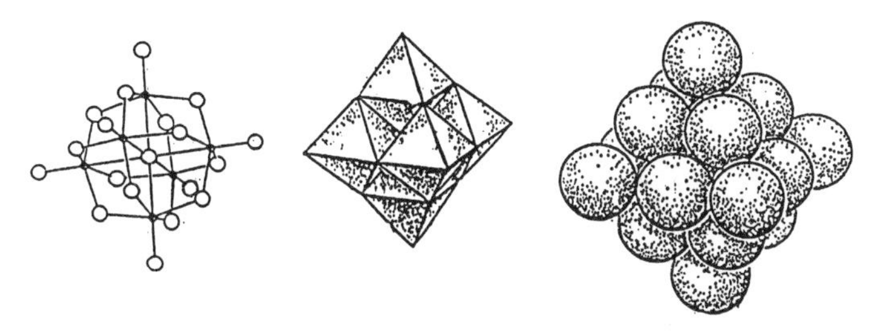

Abb.1: LINDQUIST-Struktur M_6O_{19}, Speichen- Polyeder-, Kugelmodell

Im Gegensatz zu den Hexaniobaten bzw. -tantalaten, die nur in wäßrigen und alkalischen Lösungen existieren, werden die entsprechenden Molybdate und Wolframate aus sauren bzw. nichtwäßrigen Lösungen hergestellt /8/. Als Tetraalkylammoniumsalze sind sie definiert herstellbar und lassen sich zum Teil aus organischen Lösungsmitteln wie z.B. Aceton umkristallisieren. Während die größere Zahl der Untersuchungen bisher der Struktur und den sich daraus ergebenden Eigenschaften gewidmet waren, wird im folgenden das thermische Verhalten derartiger Verbindungen näher beleuchtet.

Ausgangspunkt dafür ist die Tatsache, daß in letzter Zeit Untersuchungen über die Eignung von Polyverbindungen als Keramikvorprodukt angestellt werden. Dabei haben definierte reduzierte Vanadiumoxide eine besondere Bedeutung erlangt. Solche Oxide können durch thermische Zersetzung von Ammoniumvanadaten (s. voranstehender Artikel) erhalten werden. Dabei fungiert das Ammoniumion als "inneres" Reduktionsmittel. Die Zersetzung von Ammonium- oder Tetraalkylammoniumhexametallaten ließ ähnliche Ergebnisse erwarten.

Ein Überblick über die für die Röntgenstrukturanalysen synthetisierten Verbindungen zeigt den bestimmenden Einfluß des Kations auf deren Struktur. So besitzt beispielsweise Heptakis (tert-butyl -isocyano) wolfram (II)-hexawolframat $((t\text{-}C_4H_9NC)_7W^{II})W_6O_{19}$ eine monokline Zelle /5/, währenddessen das Tetrabutylammoniumhexawolframat (IV) triklin (a=11,803; b=17,636; c=19,592; α=78,27°; ß=73,61°; τ=62,46°) kristallisiert /5/. Die durch Größe und Sperrigkeit des Kations verursachte niedrige Symmetrie und die Tatsache, daß Tetraalkylammoniumhexametallate Verbindungen sind, die ein hochsymmetrisches Anion und ein komplexes Kation enthalten, lassen bei thermischer Beanspruchung auf Phasenänderungen schließen, wie sie z.B. beim Ammoniumnitrat oder bei Dimethylammoniumtetrafluoroborat /10/ bekannt sind. Im Rahmen dieser Arbeit wurden derartige Effekte in Abhängigkeit von der Art des Anions und der Kettenlänge des Alkylrestes thermoanalytisch und röntgendiffraktometrisch untersucht.

Experimentelles

Es wurden folgende Verbindungen dargestellt:

I	$(N(CH_3)_4)_2W_6O_{19}$	II	$(N(C_2H_5)_4)_2W_6O_{19}$
III	$(N(n\text{-}C_3H_7)_4)_2W_6O_{19}$	IV	$(N(n\text{-}C_4H_9)_4)_2W_6O_{19}$
V	$(N(n\text{-}C_5H_{11})_4)_2W_6O_{19}$	VI	$(N(n\text{-}C_6H_{13})_4)_2W_6O_{19}$
VII	$(N(n\text{-}C_7H_{15})_4)_2W_6O_{19}$	VIII	$(N(n\text{-}C_4H_9)_4)_2Mo_6O_{19}$
IX	$(N(n\text{-}C_5H_{11})_4)_2Mo_6O_{19}$	X	$(N(n\text{-}C_6H_{13})_4)_2Mo_6O_{19}$
XI	$(N(n\text{-}C_4H_9)_4)_3VW_5O_{19}$	XII	$(N(n\text{-}C_5H_{11})_4)_3VW_5O_{19}$
XIII	$(N(n\text{-}C_4H_9)_4)_2MoW_5O_{19}$	XIV	$(P(n\text{-}C_4H_9)_4)_2W_6O_{19}$

Darstellung von **I** bis **VII** und **XIII/XIV:**
Es wurde prinzipiell nach der in /8/ für IV angegebenen Vorschrift gearbeitet: 33g $Na_2WO_4*2H_2O$ werden in 40ml Essigsäureanhydrid und 30ml Dimethylformamid 3h bei 100°C gerührt. Zu der entstehenden weißen Suspension wird unter Rühren eine Lösung aus 18ml 12N HCl, 20ml Essigsäureanhydrid und 50 ml Dimethylformamid gegeben. Anschließend wird filtriert, mit 50ml Methanol gewaschen und das Filtrat auf Raumtemperatur abgekühlt.

IV bis **VII** und **XIV**: Zugabe von ca. 45mmol (unter Rühren) des Tetraalkylammonium(phosphonium)-Halogenids, gelöst in 50ml Methanol, das entstandene Fällprodukt (weißes Kristallpulver) wird abfiltriert und mit Methanol gewaschen.

I bis **III**: Tetraalkylammoniumhalogenid wird in einem Methanol-Wasser-Gemisch zugegeben (45mmol werden mit 50ml Methanol versetzt und so lange Wasser zugegeben bis sich alles gelöst hat), mit dem Fällprodukt wird wie oben verfahren.

XIII: Die Darstellung erfolgte bisher durch Oxydation von $(N(n\text{-}C_4H_9)_3Mo^VW_6O_{19}$ /11/. Sie gelingt auch nach der Vorschrift für IV bis VII durch anteilmäßigen Ersatz von $Na_2WO_4*2H_2O$ durch das entsprechende Molybdat.

IV, V und **XIII** können aus Aceton umkristallisiert werden, **VI** und **VII** fallen bereits in grobkristalliner Form aus. I bis III konnten nicht umkristallisiert werden und wurden als Rohprodukt weiterverwendet.

Darstellung von **VIII** bis **X:**
Es wurde nach der in /8/ für VIII angegebenen Vorschrift verfahren: 2,5g $Na_2MoO_4*2H_2O$ werden in 10ml Wasser+2,9ml 6N HCl unter Rühren gelöst. Eine Lösung von 3,75 mmol des jeweiligen Tetraalkylammoniumsalzes in wenig Wasser wird unter Rühren zugegeben. Die entstehende Suspension wird ca. 45min bei 70-80°C gerührt. Der Feststoff färbt sich von weiß nach gelb. Es wird filtriert und der Rückstand mit 3x20ml Wasser gewaschen, getrocknet und aus Aceton umkristallisiert.

Darstellung von **XI** und **XII:**
Es wurde nach der in /12/ für XI angegebenen Vorschrift gearbeitet: 20mmol

$Na_2WO_4*2H_2O$ und 4mmol NH_4VO_4 werden in 900ml heißem Wasser, das 35-40ml 0,5N H_2SO_4 enthält, unter Rühren gelöst. Die gelbe Lösung wird auf 80°C abgekühlt, und eine Lösung von 16mmol des Tetraalkylammoniumhalogenids in 10ml Wasser wird zugegeben. Der gelbe Niederschlag wird abfiltriert und aus Methanol umkristallisiert.

Tab. 1: Chemische Analysen von I bis VII (in Klammern: berechnete Werte)

Verb.	%C	%H	%N	$\%WO_3$
I	6,31 (6,17)	1,80(1,54)	2,19(1,80)	89,30(89,54)
II	11,19(11,52)	2,65(2,40)	2,10(1,68)	82,92(83,44)
III	16,89(16,19)	3,28(3,15)	1,84(1,57)	78,25(78,91)
IV	20,06(20,31)	3,62(3,81)	1,68(1,48)	73,20(73,56)
V	24,29(23,96)	4,34(4,39)	1,47(1,40)	68,20(69,45)
VI	27,18(27,23)	4,96(4,92)	1,46(1,32)	65,60(65,77)
VII	30,28(30,17)	5,46(5,39)	1,41(1,26)	63,05(62,46)

Tab. 2: Chemische Analysen von VIII bis XIV (in Klammern: berechnete Werte)

Verb.	%Mo	%W	%V	Glühverlust
VIII	41,8	------	------	36,00
	(41,21)	------	------	(36,67)
IX	39,15	------	------	41.40
	(38,98)	------	------	(41,51)
X	36,1	------	------	45,60
	(36,29)	------	------	(45,64)
XI	------	46,7	2,50	38,50
	------	(45,96)	(2,55)	(37,50)
XII	------	41,50	2,80	41,05
	------	(42,20)	(2,35)	(41,99)
XIII	5,30	51,60	------	28,40
	(5,32)	(50,98)	------	(27,73)

Hexawolframate und -molybdate zeigen im IR-Spektrumzwischen 400 und 1000 cm^{-1} 4 charakteristische Banden:

- asymmetrische Valenzschwingung des zentralen Sauerstoffatoms (a)
- symmetrische Schwingung der verbrückenden Sauerstoffatome (b)
- asymmetrische Schwingung der verbrückenden Metall-Sauerstoff-Bindung (c)
- ungleichphasige Schwingung der endständigen Metall-Sauerstoff-Bindung (d)

Diese Banden dienen der strukturellen Identifizierung des Polyanions, sie sind dessen Fingerabdruck. In Tab. 3 sind die Werte zusammengefaßt. Die Zusammensetzung des Anions bestimmt die konkrete Lage der Banden (Gerät: Nicolet 510 FT IR-Spektrometer, KBr-Preßlinge).

Die Bestimmung der Polyelemente erfolgte mittels ICP - Atomemissionsspektrometer 2000 von Perkin Elmer.

Für die kombinierte Differentialthermoanalyse und Thermogravimetrie stand ein Derivatograph 1500 der Firma MOM Budapest zur Verfügung, für die Differential-Scanning-Calorimetrie ein (DSC) Gerät DSC 92 von Setaram.

Für die Röntgendiffraktometrie wurde Co Kα-Strahlung verwendet (Generator: TuR M62, Vertikalgoniometer PW 1050/70 mit Graphitmonochromator der Fa. Philips).

Tab. 3: IR-Banden zwischen 400 und 1000 cm^{-1} von I bis XIV

	(d) vs	(c) vs	(b)m	(a)vs
I	977	815	583	443
II	984	808	583	449
III	970	794	587	449
IV	977	815	583	449
V	979	813	583	446
VI	977	801	583	449
VII	979	815	550	447
VIII	955	801	597	440
IX	948	787	604	443
X	948	794	597	435
XI	959	795	581	440
XII	955	808	590	449
XIII	974	808	583	446
XIV	985	818	589	448

Diskussion

-Darstellung und thermische Zersetzung

Die Ergebnisse der chemischen Analysen sind in den Tabellen 1 und 2 zusammengefaßt. Es zeigt sich, daß die angegebenen Wege sehr gut zur Darstellung der Tetraalkylammoniumhexametallate mit LINDQUIST-Struktur geeignet sind. Die Abweichungen von den berechneten Werten liegen im möglichen Bereich. Die relativ großen Abweichungen der C-H-N-Werte von I bis III sind mit mangelnder Homogenität zu erklären, da sie nicht umkristallisiert werden konnten. Die Darstellung von Ammoniumhexametallaten $(NH_4)_2M_6O_{19}$ gelang nicht.
I und II verfärben sich bei Tageslicht an der Luft blau. Begasen mit Sauerstoff oder Aufbewahren im Dunkeln lassen die blaue Verfärbung verschwinden. Dieser Vorgang kann als eine noch nicht untersuchte, photochemisch induzierte Reaktion mit Elektronenübergang aufgefaßt werden, bei der ein Bruchteil der Wolframatome die Oxydationsstufe V einnimmt.
Durch die Verlängerung der Alkylkette können unzersetzt schmelzende Tetraalkylammoniumhexametallate (V, VI, VII und X, s. Tab. 4) dargestellt werden. Die thermische Zersetzung der untersuchten Verbindungen lieferte statt definierter reduzierter Oxidphasen die Oxide der unreduzierten Polyelemente nach folgender Gleichung (TAA = Tetra-n-alkylammonium):

$$TAA_2M_6O_{19} \xrightarrow{T} 6MO_3 + H_2O + 2n\text{-Alken} + 2n\text{-Trialkylamin}$$

Bei den Verbindungen mit alkyl = butyl wurde dieser Prozeß näher untersucht. Unter Stickstoff läuft die Reaktion vollständig ab, unter Luft kommt es teilweise zur Bildung schwarzer, kohlenstoffreicher Zwischenprodukte,die bei weiterer Erwärmung verbrennen. Bei kombinierten Untersuchungen der Zersetzungsprodukte von IV mit Gaschromatografie und Massenspektroskopie (GC-MS) konnten 2-Methyl-Piperidin, N-Dibutylamin und N-Methyl-N-Dibutylamin nachgewiesen werden. Die Zersetzung verläuft unter Stickstoff rascher, IV zersetzt sich z.B bis 300°C vollständig, während unter Luft dieser Prozeß erst bei etwa 400°C abgeschlossen ist.
Das Tetraalkylammonium besitzt keine reduktiven Eigenschaften. Verlängerung und Verkürzung der Alkylkette führen nicht zu einer Veränderung dieses Ergebnisses.

-Reversible Phasenänderungen

Einfluß der Länge der Alkylkette:

Vor ihrer thermischen Zersetzung zeigen die Verbindungen reversible Phasenänderungen, deren prinzipieller Verlauf in Abb. 2 dargestellt ist. Die Verbindungen V bis VII und X schmelzen vor ihrer Zersetzung. Dabei ist der Einfluß der Länge der Alkylkette sowie der Zusammensetzung des Anions auf Art und Weise und Umfang der Umwandlungen von Interesse. Die thermoanalytischen Daten sind in Tab. 4 zusammengefaßt, auftretende Differenzen zwischen den exothermen und den endothermen Enthalpiewerten liegen im Fehlerbereich des Gerätes.

Die aus den molaren Energieumsätzen H1 berechneten Umwandlungsentropien S1 nehmen mit zunehmender Kettenlänge zu, die Entropien S2 bleiben etwa konstant. Verbunden mit der Tatsache, daß T2—T1 ebenfalls konstant ist, läßt dies auf große Ähnlichkeit der Art der ablaufenden Prozesse schließen.

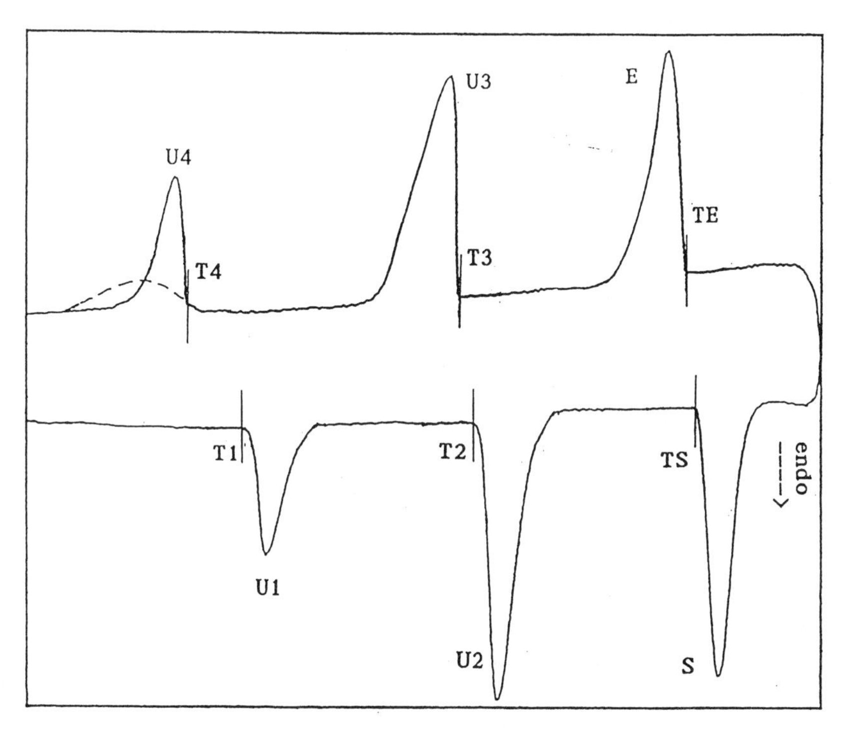

Abb. 2: Prinzipieller Verlauf der reversiblen Phasenänderungen in DSC-Aufnahmen, Aufheiz- und Abkühlrate je 2K/min

Tab. 4: Thermoanalytische Daten von I bis XIV (T in °C, H in kJ/mol, S in J/molK, H_S-Schmelzenthalpie, T_Z- Zersetzungstemperatur unter Luft, H_e- Erstarrungsenthalpie), T_Z von I: 390°C, T_Z von II: 350°C, das "-" vor H3, H4 und H_e heißt "exotherm"

Verb.	III	IV	V	VI	VII
T1	---	152	114	66	44
H1	---	7,45	14,1	17,4	15,95
S1	---	17	36	51	50
T2	42	182	143	99	77
H2	4,8	18,4	17,5	15,2	13,4
S2	15	41	42	41	38
T3	37	179	112	93	37
-H3	4,55	19,05	24,1	17,7	4,2
T4	---	140	---	31	31
-H4	---	9,45	---	diffus	diffus
TS	---	---	280	125	88
H_S	---	---	23,7	10,3	5,6
T_Z	350	295	290	285	285

An den Hexawolframaten kann die Problematik am besten erläutert werden. Offenbar ist für die Phasenumwandlungen unterhalb des Schmelz- oder Zersetzungspunktes eine Mindestlänge der Alkylkette erforderlich, denn bei I und II konnten von -20°C bis zur Zersetzungstemperatur keine, bei III nur eine Umwandlung festgestellt werden. Röntgenographische Übersichtsaufnahmen dieser Verbindungen zeigen deren höhere Symmetrie gegenüber den restlichen Verbindungen, die Hochtemperaturform ist quasi erreicht, die geringe Verzerrung des Tetraalkylammoniumtetraeders läßt keinen bzw. einen sehr kleinen Spielraum für strukturelle Variationen infolge thermischer Belastung.

Fortsetzung Tab. 4:

	VIII	IX	X	XI	XII	XIII	XIV
T1	---	122	81	144	128	134	146
H1	---	28,85	8,35	21,2	45,1	10,8	23,7
S1	---	73	24	51	112	26	57
T2	184	162	92	189	---	182	---
H2	47,05	2,2	3,0	7,4	---	19,2	---
S2	103	5	8	16	---	42	---
T3	186	165	97	171	---	182	---
-H3	26,3	2,65	27,7	8,0	---	23,6	---
T4	149	122	---	138	90	125	147
-H4	19,2	27,65	---	19,6	45,0	diffus	26,8
TS	---	---	103	---	---	---	---
H_S	---	---	33,75	---	---	---	---
TE	---	---	107	---	---	---	---
$-H_e$	---	---	15,5	---	---	---	---
T_z	295	280	220	260	215	315	255

Der Butylkette kommt offenbar eine Schlüsselstellung zu. Sind die Ketten kürzer, gibt es keine oder geringe Möglichkeiten von Phasenumwandlungen. Bei längeren Ketten sind, sicher auch wegen der zurückgehenden Umwandlungstemperaturen , erhebliche Verzögerungen bei der Reorientierung in die jeweilige Niedertemperaturphase zu verzeichnen. Es kommt zu einer Erniedrigung der Umwandlungstemperaturen T1 und T2 (Abb. 2), die angesprochenen Relaxationsvorgänge sind sowohl beim Eintritt von Umwandlung 3 (U3) als auch

bei der Dauer von U3 und U4 zu beobachten; den scharfen endothermen Signalen können keine diskreten exotherme Signale zugeordnet werden. Das hat zur Folge, daß die exothermen DSC-Signale von V bis VII unscharf und quantitativ nicht auswertbar sind (mit "diffus" in Tab. 4 gekennzeichnet). Darüberhinaus erfolgt bei V die Umwandlung der Hochtemperaturphase in die Niedertemperaturphase unter Wegfall der Mitteltemperaturphase (Wegfall von U4, s. Tab. 4).
Bei VII stehen z.B. zwar drei endothermen drei exotherme Effekte gegenüber, doch während die endothermen Effekte scharfe Signale darstellen, kann nur ein diskretes exothermes Signal registriert werden, das noch durch zwei sehr kleine unscharfe Signale entsprechend der gestrichelten Linie bei U4 in Abb. 2 ergänzt wird. Die Alkylkettenlänge besitzt demzufolge entscheidenden Einfluß auf die Reversibilität. Dagegen sind die Umwandlungen in die Hochtemperaturphasen unabhängig von der Alkylkettenlänge.
Die Ursachen für die Relaxation beim Abkühlen sind kinetisch bedingt. Die langen Alkylketten sind nicht in der Lage, schnell in den ursprünglichen Zustand zurückzugehen. Derzeit wird der Einfluß der Heiz- und Abkühlraten auf das Ausmaß der Verzögerungen untersucht.
Die Umwandlungsprozesse sind röntgenografisch erfaßbar. An der Verbindung IV wurden die einzelnen Phasenübergänge sowohl mit röntgendiffraktometrischen als auch mit Heizguinier-Aufnahmen verfolgt (Abb. 3,4). Dabei zeigt sich, daß das Diffraktogramm der Niedertemperaturform sich aus wenigen, sehr intensitätsstarken (θ = 4-8) Reflexen, die dem Polyanion zugeordnet werden können und einer Vielzahl intensitätsschwacher Reflexe zusammensetzt. Die oben erwähnte Röntgenstrukturanalyse /5/ ergab eine trikline Zelle. Nach Umwandlung 1 ist eine gewisse Verringerung der Zahl intensitätsschwacher Reflexe zu beobachten. Durch Umwandlung 2 entstehen aus den ersten vier intensiven Reflexen zwei neue. Die intensitätsschwachen Reflexe verschwinden bis auf wenige. Die mit x, xx in Abb. 4 gekennzeichneten Linien sind Linien des Platins, das gleichzeitig als Probenträger und innerer Standard Verwendung findet. Bei den Umwandlungen erlangen die Tetraalkyammoniumionen in zwei Stufen größere Bewegungsfreiheit. Das Anionengitter kann das zunächst verkraften, die beiden Reflexpaare der Niedertemperaturform sind in der Mitteltemperaturform nahezu unverändert existent. Die Ausgangsstruktur ist, etwas verzerrt und aufgeweitet, noch vorhanden. Durch die weitere thermische Anregung werden auch die Polyanionen zu starken Schwingungen angeregt , Kationen und Anionen können nun als Kugeln aufgefaßt werden. Sie bilden eine höhersymmetrische, orthorhombische (pseudokubische) Struktur mit a=17,092, b=17,495, c= 17,697 (Gittertyp: F).

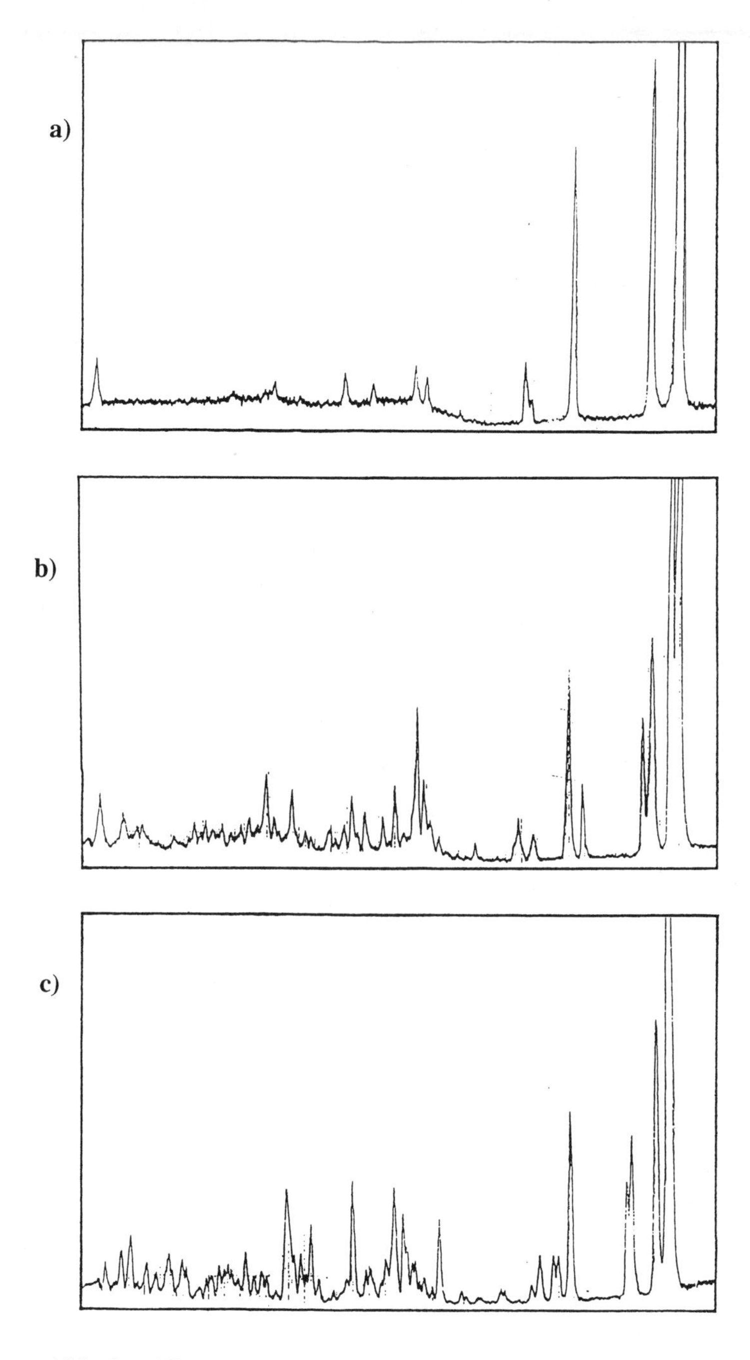

Abb. 3: Diffraktogramme von IV, a) Hoch-, b) Mittel-, c) Tieftemperaturphase (θ 3,5-24°)

Das und die Ergebnisse der Thermoanalysen lassen folgende Extrapolation auf die Verbindungen mit den längeren Alkylketten sinnvoll erscheinen: Während der Umwandlung 1 wird aus einer immer verzerrteren Ausgangsstruktur ein ähnlicher Ordnungszustand erreicht, die Alkylketten erfahren eine Ausrichtung; während Umwandlung 2 wird eine höhersymmetrische Struktur gebildet, das Polyanion leistet seinen Beitrag zur Phasenänderung, Anionen und Kationen können als Kugeln aufgefaß werden. Inwieweit Tetraalkylammoniumkationen mit alkyl > butyl überhaupt als Kugeln aufgefaßt werden können, ist noch zu klären. Das und der Einfluß des Kationen-Polyanionen-Verhältnisses sind Problemstellungen, an denen derzeit gearbeitet wird. Bei der Indizierung der Hochtemperaturphase wurde das Programm POWD 2.2 genutzt.

Einfluß der Zusammensetzung des Anions:
Der teilweise oder auch vollständige Ersatz von Wolfram durch Molybdän und Vanadium (nur teilweise) ändert nichts an der Existenz der Umwandlungen.
Die Verlängerung der Alkylkette bewirkt hinsichtlich der Umwandlungen und der Schmelzbarkeit ähnliche Veränderungen wie bei den Hexawolframaten. Bei X z.B. können lediglich drei endotherme und zwei exotherme Effekte registriert werden, die sich quantitativ zwar ungefähr ergänzen (s. Fortsetzung Tab. 4), aber ins Schema der Abb. 2 nicht mehr einzuordnen sind. Das Polyanion beeinflußt maßgeblich die Zahl der Umwandlungen und deren Energiegehalt. Es kommt zum Wegfall einzelner Mitteltemperaturphasen (z.B. beim Aufheizen von VIII). Der partielle Ersatz des Woframs durch Molybdän bewirkt einen quantitativ nicht auswertbaren Übergang von der Mitteltmperaturphase in die Niedertemperaturphase. Ein erneutes Aufheizen bestätigt jedoch die vollständige Reversibilität. Dies verdeutlicht die strukturellen Ursachen dieser Umwandlungen. Die Kombination Tetraalkylammoniumkation - LINDQUIST-Anion gibt die Phasenänderung vor, Alkylkettenlänge und chemische Zusammensetzung des Anions bestimmen energetischen Umfang und Anzahl der Stufen.
Hexamolybdate sind an der Luft bei Tageslicht und bei thermischer Belastung anfällig für Reduktionsprozesse. Das äußert sich bei Fahren mehrerer Aufheiz-Abkühl-Zyklen in sukzessiver Grünfärbung, verbunden mit unvollständiger Phasenumwandlung.

Vergleich Tetrabutylammonium(IV) mit -phosphonium(XIV):
Die Ähnlichkeit der beiden Kationen widerspiegelt sich auch in den thermischen Eigenschaften der Hexawolframate. Es scheint, daß bei XIV dasselbe abläuft wie bei IV, nur daß dabei die Mitteltemperaturphase übersprungen wird, denn die

Summe aus S1 und S2 (58 J/molK) bei IV entspricht ungefähr dem Wert S1 von XIV (57 J/molK). Genauen Aufschluß darüber gibt eine noch durchzuführende Indizierung der Hoch- und Niedertemperaturphase von XIV.

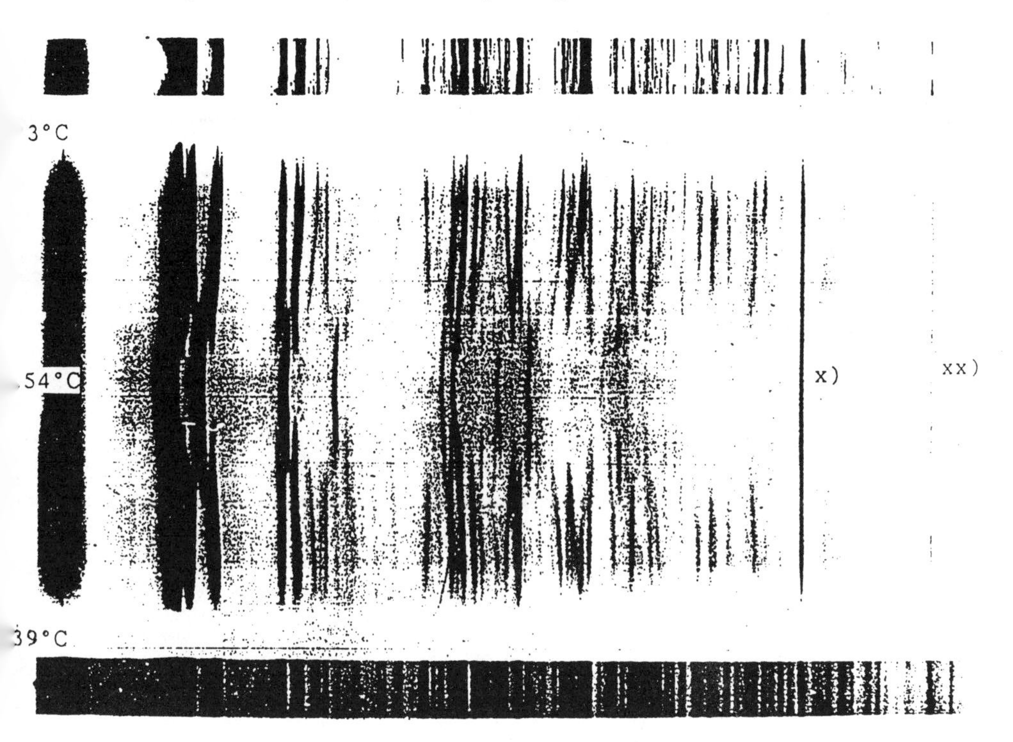

Abb. 4: Heizguinieraufnahme von IV (x, xx = Platinlinien)

Zusammenfassung

Tetraalkylammoniumhexametallate mit LINDQUIST-Struktur lassen sich prinzipiell durch Zugabe einer Tetralkylammoniumsalzlösung zu einer das vorgebildete Anion enthaltenden Natriumhexametallatlösung darstellen. Dabei wird das Lösungsmittel für das Tetraalkylammoniumsalz entsprechend dessen Lösungseigenschaften variiert.

Ab alkyl=propyl zeigen diese Verbindungen reversible Phasenumwandlungen, die offenkundig in der Besonderheit der Verbindung des LINDQUIST-Anions mit dem Tetraalkylammoniumkation begründet und damit strukturell determiniert sind. Umfang und Differenzierung der Umwandlungen sind von der

Zusammensetzung des Anions und der Länge der Alkylkette abhängig.
Alkyl=butyl scheint eine Sonderrolle für diese Umwandlungen zu spielen. Ist die Alkylkette kürzer, finden keine oder geringe Umwandlungen statt, ist sie länger, kommt es zu z.T. erheblichen Relaxationen bei der Reorientierung aus einer Hoch- in eine Niedertemperaturphase.
Aus diesem Grunde wurden die Umwandlungen von $(N(n\text{-}C_4H_9)_4)_2W_6O_{19}$ (IV) näher betrachtet.Es zeigt sich, daß aus einer triklinen Ausgangsstruktur in zwei Schritten eine höhersymmetrische orthorhombische Struktur entsteht.
Beim thermischen Abbau von IV unter Stickstoff entstehen WO_3, Tributylamin, Buten und Wasser; unter Luft kommt es zur teilweisen Bildung von anderen Aminen unter Abspaltung kohlenstoffreicher Zwischenprodukte, die bei weiterer Erwärmung verbrennen.
Interessante Aspekte wie die Frage, ob die längeren Alkylketten röntgenografisch die gleichen eindeutigen Befunde liefern wie das bei IV der Fall ist, sowie die strukturellen Voraussetzungen derartiger Umwandlungen werden derzeit untersucht.
Den Herren Dr. Ziemer, Humboldt-Universität Berlin und Dr. Boudriot sowie Frau Deus, Fachbereich Physik der Bergakademie Freiberg sei für die Anfertigung der Heizguinieraufnahmen bzw. der Hochtemperatur-IR-Aufnahmen recht herzlich gedankt.

Literatur

/1/ J.J. Berzelius, J. Pogg. Ann., 6, 369, 1826
/2/ I. Lindquist, Ark. Kemi, 5, 247, 1953
/3/ I. Lindquist, B. Aronsson, Ark. Kemi, 7, 49, 1955
/4/ H.R. Allock, E.T. Bissell, E.T. Shawl, Inorg, Chem., 12, 2963, 1973
/5/ J. Fuchs, W. Freiwald, H. Hartl, Acta Cryst., B34, 1764, 1978
/6/ R. Mattes, H. Bierbüsse, J. Fuchs, Z. anorg. allg. Chemie, 385, 230, 1971
/7/ C. Rocchiccioli-Deltcheff, M. Fournier, R. Franck, R. Thouvenot, Spectroscopy Letters, 19(7), 765, 1986
/8/ A.P. Ginsberg, Inorg. Synthesis, 27, 71ff., 1990
/9/ W. LaRue, A.T. Liu, J. SanFelippo, Inorg. Chem.,19, 315,1979
/10/H.Hishita, T. Iwashido, Ber. Bunsengesell. Phys. Chem., 96 Nr.10, 1468, 1992
/11/C. Sanchez, J. Livage, J.P. Launay, M. Fournier, Y. Jeannin, J. Am. Chem. Soc., 104, 3194, 1982
/12/C.M. Flynn, M.T. Pope, Inorg. Chem., 10, 2524, 1971

Siliciumorganische Polymere als Precursorverbindungen für Siliciumcarbid-Werkstoffe

Von Robin Richter, Gerhard Roewer, Katrin Leo und Berthold Thomas

Freiberg

1. Einleitung

Die durch die grundlegenden Arbeiten von YAJIMA et al. [1] erstmals realisierte Herstellung von SiC-haltigen keramischen Fasern mit außergewöhnlichen Werkstoffeigenschaften aus Polysilanen/-carbosilanen und der überaus erfolgreiche Einsatz von Polysilanen als Photolacke in der Fertigung mikroelektronischer Bauteile, haben die Suche nach chemischen Aufbau- und Modifizierungsreaktionen für sauerstofffreie siliciumorganische Polymere in jüngster Zeit enorm stimuliert. Präkeramische Polymere für Siliciumcarbid sind prinzipiell:

Polysilane: $\left[-Si(R)- \right]_n$

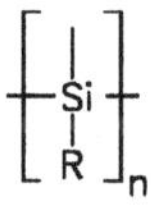

Polycarbosilane: $\left[-Si-CH_2- \right]_n$ $\left[-Si-C_6H_4- \right]_n$

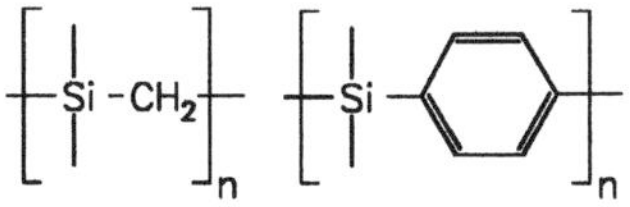

Copolymere von Organosilanen mit organischen Monomeren, z.B. $\left[-Si-C-C- \right]_n$ $\left[-Si-C=C- \right]_n$ $\left[-Si-C\equiv C- \right]_n$

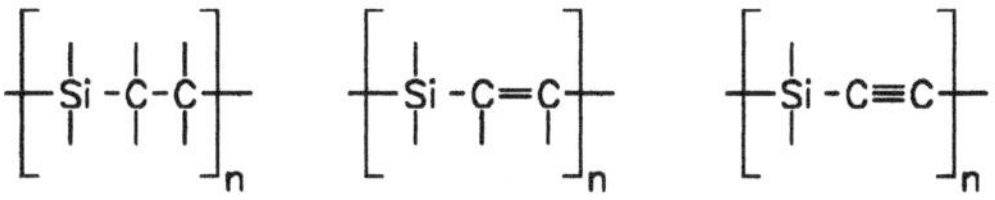

Im folgenden werden Polymeraufbaureaktionen von Polysilanen und Polycarbosilanen vorgestellt und sollen am Beispiel eigener Untersuchungen zur Synthese von *Poly(methylchlor)silanen (PMClS)* und *Poly(methylchlor)carbosilanen (PMClCS)* durch katalysierte Disproportionierungsreaktionen näher erläutert werden.

2. Aufbaureaktionen siliciumorganischer Polymere

Für Polymere, die im Gerüst lediglich Silicium- oder Silicium- und Kohlenstoffatome enthalten, sind folgende grundlegenden Synthesewege erschlossen:

- Metall - Kondensation von Organohalogenosilanen
- Elektrochemische Kondensation von Organohalogenosilanen

- Katalytische Polymerisation Si-haltiger Vinylmonomere
- Katalytische Dehydrokupplung von Organosilanen oder Organodisilanen
- Katalytische Disproportionierung von Organodisilanen

2.1 *Metall - Kondensation*

2.1.1 Direkte Metall - Kondensation - Aufbaureaktionen [2, 3]

Die Umsetzung von Diorganodichlorsilanen mit hochreaktiven Metallen führt zu Polysilanen:

$$n\ R^1R^2SiCl_2 \xrightarrow[-MCl\ bzw.\ MCl_2]{M,\ Solvens} (R^1R^2Si)_n \qquad (1a)$$

$$n\ R^1R^2SiCl_2 + m\ R^3R^4SiCl_2 \xrightarrow[-MCl]{M,\ Solvens} (R^1R^2Si)_n(R^3R^4Si)_m \qquad (1b)$$

R= Alkyl, Aryl; M= Li, Na, K; Solvens= Xylol, Toluol u.a.

Da von der Gleichgewichtslage her konkurrierende Reaktionen, die zur Bildung von cyclischen Oligomeren führen, stark begünstigt sind, gelingt der Aufbau linearer Hochpolymere nur, wenn die Kondensationsreaktionen kinetisch kontrolliert werden. Methylgruppenhaltige Polysilane sind generell thermisch in Polycarbosilane überführbar.

$$-Si(CH_3)-Si- \longrightarrow -Si(H)-CH_2-Si- \qquad (1c)$$

Die Umsetzung von Diorganodichlorsilanen mit Dihalogenokohlenwasserstoffen und Metallen ergibt direkt Polycarbosilane [4, 5].

$$n\ R^1R^2SiCl_2 + n\ CH_2Br_2 \xrightarrow[-MCl,\ MBr]{M} -(R^1R^2Si-CH_2)_n- \qquad (2)$$

$$n\ R^1R^2SiCl_2 + n\ Br-C_6H_4-Br \xrightarrow[-MBr,\ -MCl]{M} -[R^1R^2Si-C_6H_4]_n-$$

Diorganodichlorsilane lassen sich auch mit Olefinen durch Metallzusatz zu Polyverbindungen kondensieren [6].

$$m\cdot n\ R^1R^2SiCl_2 + m\ RHC{=}CH_2 \xrightarrow{M} -[(R^1R^2Si)_n(RHC-CH_2)]_m- \qquad (3)$$

z. B. R= Phenyl

Von grundsätzlicher Bedeutung für die Eigenschaften der durch direkte Metallkondensation von unterschiedlichen Bausteinen synthetisierten Polymere ist, ob die einzelnen Struktureinheiten statistisch verteilt oder zu Blöcken geordnet vorliegen. Eine Steuerung ist bisher schwierig und erfordert detaillierte Kenntnis der Kinetik des Polymeraufbaus.

2.1.2 Polymeraufbau über Salzeliminierung

Eine spezielle Alternative der direkten Si-Si- bzw. Si-C- Bindungsknüpfung nach Gleichung (1) oder (2) ist die Salzeliminierung, wobei primär metallierte Si- oder C-Bausteine synthetisiert werden.

$$-\overset{|}{\underset{|}{Si}}-H \xrightarrow[\text{Base}]{M} -\overset{|}{\underset{|}{Si}}-M \qquad (4a)$$

$$-\overset{|}{\underset{|}{Si}}-\overset{|}{\underset{|}{C}}-H \xrightarrow[\text{Base}]{M;\ RM} -\overset{|}{\underset{|}{Si}}-\overset{|}{\underset{|}{C}}-M + RH \qquad (4b)$$

z. B. Base = Tetramethylethylendiamin; M = Alkalimetall (K, Li)

Diese können dann gezielt mit Halogenosilanen, z. B. günstig mit Oligo-Verbindungen [7] verknüpft werden.

$$-\overset{|}{\underset{|}{Si}}-X + K-\overset{|}{\underset{|}{C}}- \xrightarrow[-\ KX]{} -\overset{|}{\underset{|}{Si}}-\overset{|}{\underset{|}{C}}- \qquad (4c)$$

Interessante funktionelle Polymere mit Vinylgruppen in der Seitenkette entstehen bei der Kondensation von 4-Vinylbenzyllithium (erhältlich aus der Metallierung von 4-Methylstyrol mit Li-Diisopropylamid) mit 1,2-Bis(chlorodimethylsilyl)ethan [8].

$$CH_2{=}CH-C_6H_4-CH_2Li + Cl-Si(CH_3)_2-CH_2-CH_2-Si(CH_3)_2-Cl \xrightarrow{[(CH_3)_2CH]_2NLi} CH_2{=}CH-C_6H_4-CH_2-\left[Si(CH_3)_2-CH_2-CH_2-Si(CH_3)_2-CH(C_6H_4-CH{=}CH_2)\right]_n-H \qquad (5)$$

2.1.3 Polymeraufbau über hochgespannte Ringsysteme

Über den Weg der Metallkondensation lassen sich hochgespannte Ringsysteme synthetisieren, die (in Analogie zu organischen Systemen) über eine Ringöffnungspolymerisation mit hoher Effektivität in Polymere mit enger Molmassenverteilung und einheitlicher

Struktur überführbar sind. Herausragend ist der von SAKURAI et al. [9] gefundene Weg zu Polysilanen über maskierte Disilane (6) .

$$Cl-SiR^1_2-SiR^2_2-Cl \xrightarrow[\text{THF, 195 K}]{[C_{12}H_{10}]^{\cdot -}Li} C_6H_5-C_6H_6(SiR^1_2-SiR^2_2) \xrightarrow[\text{EtOH}]{\text{n BuLi}} nBu-[SiR^1_2-SiR^2_2]-H \qquad (6)$$

Eine anionische Ringöffnungspolymerisation [10] ist analog auch mit durch Metallkondensation hergestellten Cyclotetrasilanen möglich (7) .

$$(R_2Si)_4 \xrightarrow{\text{BuLi}} -[SiR_2]_n- \qquad (7)$$

Für über Metall - Kondensationsreaktionen synthetisierte cyclische Carbosilane sind bereits vorteilhafte Übergangsmetallkomplex - katalysierte Ringöffnungspolymerisationen gefunden worden [11].

$$CpFe(CO)_2(H_3C)Si(CH_2)_3 \xrightarrow[\text{373.15 K}]{H_2PtCl_6} -[Si(CH_3)(CpFe(CO)_2)-(CH_2)_3]_n- \qquad (8)$$

$$R_2Si(CH_2)_2SiR_2 \xrightarrow{\text{H M } L_n} H-ML_n-CH_2-SiR_2-CH_2-SiR_2 \longrightarrow \longrightarrow R_3Si-[SiR_2-CH_2-SiR_2]_m-H \qquad (9)$$

Reaktionsweg (8) führt zu auch werkstofftechnisch interessanten Polymeren mit organometallischen Seitenketten.

Hochinteressante Keramikprecursoren sind auch Polyacetylen-Polysilane [12, 13] vom

Typ : $-[SiR_2-C\equiv C]-$ bzw. $-[SiR_2-SiR_2-C\equiv C]-$

$$HC{\equiv}C{-}\underset{Me}{\overset{R}{Si}}{-}\underset{Me}{\overset{R}{Si}}{-}C{\equiv}CH \longrightarrow \begin{array}{c} R(Me)Si{-}C{\equiv}C{-}Si(Me)R \\ | \qquad\qquad\qquad | \\ R(Me)Si{-}C{\equiv}C{-}Si(Me)R \end{array}$$

$$\xrightarrow{BuLi} \left[\underset{R}{\overset{R}{Si}}{-}\underset{R}{\overset{R}{Si}}{-}C{\equiv}C \right]_n \qquad (10)$$

Jüngste Untersuchungen verdeutlichen nachdrücklich die Potenzen derartiger Polymere für die Entwicklung neuer Werkstoffe [14].

2.2 Elektrochemische Kondensation von Organohalogenosilanen

Die katodische Knüpfung von Si-Si- bzw. Si-C-Bindungen durch die Elektrolyse von Organohalogenosilanen bzw. Halogenomethylorganosilanen gelingt in organischen Lösungsmitteln.

$$n \; Cl{-}\underset{R}{\overset{R}{Si}}{-}Cl \xrightarrow[-\;Cl^-]{+\;n\;e^-} \text{Polysilane + Disilane}$$

$$n \; {-}\underset{R}{\overset{R}{Si}}{-}CH_2Cl \xrightarrow[-\;Cl^-]{+\;n\;e^-} \text{Polycarbosilane (Oligomere)}$$

Anodisch abgeschiedenes Chlor wird entweder über eine Metallopferanode (Hg; Mg; Al; Cu) oder vom Lösungsmittel gebunden [15, 16, 17, 18].

2.3 Katalytische Polymerisation Si-haltiger Vinylmonomere

Siliciumhaltige Vinylmonomere eröffnen ebenfalls Synthesestrategien für Polymere mit Si-Atomen im Gerüst. Bestimmte SiH-Gruppen-haltige Vinylmonomere sind katalytisch direkt zu -Si-C-C-Si- bzw. -Si-C-Si-Ketten polymerisierbar [19].

$$H_2C{=}CH{-}SiCl_2H \xrightarrow{Pt/C} H_2C{=}CH{-}SiCl_2{-}\left[CH_2{-}CH_2{-}\underset{Cl}{\overset{Cl}{Si}}\right]_n\left[\underset{CH_3}{CH}{-}SiCl_2\right]_m{-}C_2H_4{-}SiCl_2 \qquad (11)$$

Die anionische Polymerisation von Trimethylvinylsilan in Gegenwart von n-Butyllithium läßt sich durch den Zusatz von N, N, N`, N`-Tetramethylethylendiamin (TMEDA) so steuern, daß Si-Atome nicht nur in der Seitenkette, sondern auch im Polymergerüst vorliegen (intramolekulare Isomerisierung) [20].

$$-CH_2-\overset{\ominus}{C}H(Li^+)-Si(H_3C)(CH_3)-CH_2(H) \longrightarrow -CH_2-CH_2-Si(CH_3)_2-\overset{\ominus}{C}H_2 \xrightarrow{CH_2=CH-Si(CH_3)_3} -CH_2-CH_2-Si(CH_3)_2-CH_2-CH_2-\overset{\ominus}{C}H-Si- \quad (12)$$

2.4 *Katalytische Dehydrokupplung von Organosilanen oder Organodisilanen*

In der Koordinationssphäre der Cyclopentadienylkomplexe von Zirkonium oder Titanium können Organosilane [21, 22, 23, 24] oder Organodisilane unter Abspaltung von Wasserstoff zu "lebenden" Polymeren verknüpft werden. Dabei entstehen weitgehend linear aufgebaute Produkte:

$$HR_2Si-SiRH_2 + RH_2Si-SiH_2R \xrightarrow{Cp_2MR_2} \left[Si(R)(R)-Si(Me)(H) \right]_n + H_2 + MeSiH_3 + Me_2SiH_2 \quad (13)$$

$$n\ RSiH_3 \text{ bzw. } n/2\ RH_2Si-SiRH_2 \xrightarrow{Cp_2MR_2} H\left[Si(R)(H) \right]_n H + n\,H_2 \quad (14)$$

In die Si-Si-Bindungen von Polysilanen lassen sich unter der katalytischen Wirkung von Pd-Komplexen -C≡C-Verbindungen einschieben [25], d.h. Gerüstveränderungen erzielen.

$$\left[Si(Me)(Me) \right]_n + nR\text{-}C\equiv C\text{-}R \xrightarrow{Pd(II)\text{-Komplex}} \left[Si(Me)(Me)-C(R)=C(R)- \right]_n \quad (15)$$

3. *Katalytische Verfahren zur Disproportionierung von Methylchlordisilanen*

Die Synthese von Polysilanen und Polycarbosilanen gelingt auch durch katalysierte Redistributionsreaktionen von Si-Si-, Si-C- und vorzugsweise Si-Halogen-Bindungen in substituierten Di- bzw. Oligosilanen [26, 27]. Dieser Zugang zu Si-organischen Polymeren ist wegen der als Nebenprodukt der Müller-Rochow-Synthese als Synthesepotential verfügbaren *Disilanfraktion* (DSF)❑ und der Vermeidung des Eintrages von hochreaktiven Metallen auch kommerziell besonders interessant.

Der auch als Disproportionierung bezeichnete Reaktionstyp wird durch geeignete Substituenten am Siliciumatom (wesentlich erscheinen die Elektronegativität und freie Elektronenpaare des X-Atoms in der Si-X-Bindung, z.B. R-O-, R_2N-, Cl-), begünstigt. Diese funktionellen Gruppierungen bewirken in Abhängigkeit von ihrer Art, Anzahl und Anordnung eine Polarisierung des Disilan-Moleküls, wodurch die Stabilität der Si-Si-Bindung herabgesetzt wird. Deren Spaltung wird in Methylchlordisilanen prinzipiell durch Katalysatoren hoher Basizität eingeleitet und führt zur Bildung von substituierten *Monosilanen* und *Polysilanen*.

$$n\ R_3Si-SiR_3 \xrightarrow{KAT} n\ R-\underset{R}{\overset{R}{Si}}-R + \left[SiR_2 \right]_n \qquad R = CH_3,\ Cl \qquad (16)$$

CALAS et al. postulierten für diesen Reaktionstyp einen nicht-ionischen Vier-Zentren-Übergangszustand, der bisher weder bewiesen noch widerlegt werden konnte [26]. Auf der Basis dieser Vorstellungen ergibt sich für die Reaktion von 1.2 Dimethyltetrachlordisilan (**1**) und 1.1.2. Trimethyltrichlordisilan (**2**) nebenstehender Ablauf (17). Als besonders spaltungsaktive Katalysatoren erwiesen sich quaternäre Ammonium- und Phosphonium-

$$\underset{\mathbf{1}}{D \rightarrow CH_3SiCl_2-SiCl_2CH_3} + \underset{\mathbf{2}}{Cl(CH_3)_2Si-SiCl_2CH_3} \longrightarrow [\text{Vier-Zentren-Übergangszustand}] \longrightarrow CH_3SiCl_3 + D \rightarrow CH_3SiCl_2-Si(CH_3)Cl-Si(CH_3)_2Cl \qquad (17)$$

D=Katalysator

❑ *Zusammensetzung der zur Synthese verwendeten DSF:*

1.2. Dimethyltetrachlordisilan 74.5 Ma%; 1.1.2 Trimethyltrichlordisilan 20.9 Ma%

1.1.2.2. Tetramethyldichlordisilan 4.6 Ma%

salze [28], sowie Organophosphorverbindungen (z.B.Hexamethylphosphorsäuretriamid - HMPT). Ihre katalytische Wirkung kann aber nicht ausschließlich auf eine hohe Basizität zurückgeführt werden. Die Spaltungsaktivität wird ebenso maßgeblich von den kinetischen Eigenschaften und der Stereochemie sowohl des Katalysators (Nucleophilie) als auch der Disilane bestimmt. In der Vergangenheit wurde versucht, dieses Reaktionsprinzip für die Aufarbeitung der bei der Direktsynthese von Methylchlorsilanen anfallenden Disilanfraktion (DSF) zu nutzen, um die so zurückgewonnenen Methylchlorsilane (vgl. Gl. (16)) in den Verfahrenskreislauf zur Siliconherstellung einzuspeisen.

Unter dem Aspekt des potentiellen Einsatzes von Polysilanen und Polycarbosilanen als Vorstufen für SiC-Keramiken wuchs das Interesse, auch die polymeren Produkte der Disproportionierung näher zu untersuchen und ihre Eignung als SiC-Precursor zu prüfen.

BANEY et al. beschäftigten sich mit der Umwandlung von Poly(methylchlor)silanen (PMClS) zu Siliciumcarbid [29]. Die PMClS-Precursoren wurden über eine Disproportionierungsreaktion der DSF mit Tetrabutylphosphoniumchlorid als Katalysator synthetisiert. Bei dieser homogen durchgeführten Reaktion wurden die gebildeten Monosilane $(CH_3)_xSiCl_{4-x}$ gasförmig aus dem Reaktionsgemisch entfernt. Im Sumpf verblieben sowohl die gebildeten Poly(methylchlor)silane als auch der Katalysator.

Unter der Annahme, daß bei der Reaktion keine Si-C-Bindungsredistributionen stattfinden, entwickelte BANEY einen Strukturvorschlag **3** für die synthetisierten PMClS, wobei ein methylgruppenreiches, polycyclisches Polysilan-Gerüst zu Grunde gelegt wird. Untersuchungen zur Korrelation von Katalysatorsystem, Reaktionsbedingungen und Eigenschaften der gebildeten PMClS fehlen bisher. Unsere Experimente zeigen, daß die Wahl unterschiedlicher Katalysatoren (Sauerstoff- bzw. Stickstoffbasen) signifikanten Einfluß auf Vernetzungsgrad, Molmasse und deren Verteilung, Viskosität, Elastizität, Chlorgehalt und Silicium-Kohlenstoffverhältnis usw. der PMClS ausübt und letztendlich den Gerüstaufbau des Polymers bestimmt.

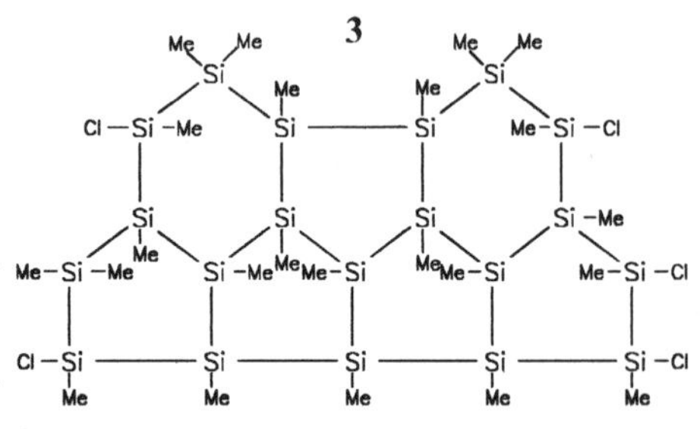

Der Verbleib des Katalysators im Polysilan führt zu einer wenig steuerbaren Folgechemie dieser Produkte. Der Katalysator wird bei erneuter thermischer Behandlung wieder aktiv. Die Disproportionierung setzt sich fort. Überwiegend laufen dann unkontrollierte Vernetzungsreaktionen ab. Bei höheren Temperaturen sind außerdem Zersetzungsreaktionen des Katalysators nicht zu vermeiden, die wiederum Ausgangspunkt für unerwünschte Folgereaktionen (z.B. Radikalreaktionen) sein können. Das Polymer wird schließlich unschmelzbar und unlöslich in organischen Lösungsmitteln und damit in den meisten Fällen unbrauchbar als SiC-Precursor.

Ein heterogenes Reaktionsregime hingegen gestattet die Phasentrennung von Katalysator und Reaktionsprodukten, setzt aber eine Fixierung der spaltungsaktiven Katalysator-Verbindungen auf der Oberfläche eines Trägermaterials voraus. Die Ausgangskomponenten (DSF) werden in die Gasphase überführt, kontaktieren den Katalysator und setzen sich an den aktiven Zentren um. Die gebildeten Methylchlorsilane können wegen des niedrigen Siedepunktes gasförmig aus dem Reaktionsgleichgewicht entfernt werden. Die simultan erzeugten Oligosilane kondensieren auf Grund der höheren Siedepunkte und sind katalysatorfrei isolierbar. Durch Derivatisierung des katalytisch besonders aktiven HMPT's ist uns eine Fixierung der Phosphorylgruppierung auf einem silikatischen Trägermaterial gelungen [30]. Die katalytische Wirkung der aktiven Zentren wird dabei praktisch nicht beeinträchtigt. Mehrere Synthesemöglichkeiten wurden realisiert. Phosphorsäurechlorid-bis--dimethylamid konnte direkt unter Knüpfung einer Si-O-P-Bindung an der Oberfläche eines silikatischen Trägers, z.B. Kieselgel, fixiert werden:

$$-\overset{|}{\underset{|}{Si}}\text{-OH} + \text{Cl-PO}[N(CH_3)_2]_2 \rightarrow -\overset{|}{\underset{|}{Si}}\text{-O-PO}[N(CH_3)_2]_2 + HCl \quad (18)$$

Als wesentlich günstiger erwies sich aber die Fixierung über Aminoalkyltriethoxysilane, sogenannte "Haftvermittler". Dabei wurde Phosphorsäurechlorid-bis-dimethylamid **4** mit Aminoethylaminopropyltriethoxysilan **5** unter Zusatz der Base $(C_2H_5)_3N$ umgesetzt und als Reaktionsprodukt das N,N,N'-Tri-[bis-(dimethylamino)phosphoryl]-N'-[3-(triethoxysilyl)-propyl]ethylendiamin **6** isoliert (19).

Zur Fixierung von **6** wurden wiederum Silanolgruppen der Trägeroberfläche genutzt (20).

$$(C_2H_5O)_3Si-(CH_2)_3-NH-(CH_2)_2-NH_2 + 3\ O=P(Cl)(N(CH_3)_2)_2 \xrightarrow[-3\ (C_2H_5)_3N * HCl]{3\ (C_2H_5)_3N}$$

5 **4**

$$(C_2H_5O)_3Si-(CH_2)_3-N(P(=O)(N(CH_3)_2)_2)-(CH_2)_2-N(P(=O)(N(CH_3)_2)_2)_2 \quad \textbf{6} \qquad (19)$$

$$3\ \equiv SiOH + \textbf{6} \xrightarrow[-3\ C_2H_5OH]{} \equiv Si-O-Si(O-Si\equiv)_2-(CH_2)_3-N(P(=O)(N(CH_3)_2)_2)-(CH_2)_2-N(P(=O)(N(CH_3)_2)_2)_2 \qquad (20)$$

3.1 Synthese von Poly(methylchlor)silanen/-carbosilanen (PMClS/PMClCS)

Die Synthese von PMClS/PMClCS wird in einem Festbettreaktor, bestehend aus einer Füllkörperkolonne, die mit dem Katalysatormaterial bestückt ist, vorgenommen. Mit Hilfe eines Trägergasstromes (Ar) werden die in die Gasphase überführten Methylchlordisilane (DSF) über das Katalysatorfestbett geführt und disproportionieren dort. Die gebildeten flüssigen Oligomere fließen zurück und bilden zunächst mit den unumgesetzten Bestandteilen der DSF ein Gemisch. Die weitere Abreicherung der DSF-Komponenten aus diesem Gemisch über die Gasphase führt zu einer Temperaturerhöhung im Sumpf. Bis 160 °C sind die Hauptbestandteile der DSF 1.2 Dimethyltetrachlordisilan und 1.1.2 Trimethyltrichlordisilan am Katalysator vollständig umgesetzt. Folglich ist bis zu dieser Temperatur sowohl die Abreicherung von Methylchlordisilanen, als auch die Akkumulation von chlor- und methylhaltigen Oligomeren im Sumpf zu beobachten. Diese Oligomere setzen sich in thermischen Folgereaktionen zu Polymeren um.

Da der überwiegende Teil der DSF Verbindungen mit drei oder vier Chloratomen enthält, sollten die daraus gewonnenen Polymere hauptsächlich verzweigt sein, d.h. nur einen geringen Anteil an linearen Struktureinheiten besitzen. Es wurde festgestellt, daß bereits bei

Reaktionstemperaturen ab 155°C simultan zu Oligosilanen auch Oligocarbosilaneinheiten gebildet werden.
Dieser Prozeß ist mit der Formierung der Si-H-Bindung verknüpft und verstärkt sich mit steigender Temperatur. Die Si-H- kondensieren mit Si-Cl-Gruppierungen unter Knüpfung von Si-Si-Bindungen. Diese Reaktionen tragen in Abhängigkeit von der Temperatur zu dreidimensionalen Vernetzungen im Polymer bei. Somit bestimmen Reak-tionen, die zu einer Abreicherung funktioneller Chlorgruppen im Verlaufe des Polymeraufbaus führen, wesentlich die o.g. Eigenschaften der PMClS/PMClCS.
Die heterogene Reaktionsführung gestattet ein präzises Temperatur-Reaktionszeit-Regime (mittels entsprechender Temperaturmeß- und Regelungstechnik), so daß sich intramolekular ablaufende Ringschlußreaktionen zu cyclischen bzw. polycyclischen Struktureinheiten steuern lassen. Die Abnahme des Chlorgehaltes im DSF/Oligomergemisch vollzieht sich bis 160°C vorwiegend durch katalytische Spaltung der DSF. In Abb.: 1 und 2 sind ^{29}Si-NMR-Spektren der DSF und der Folgeprodukte der jeweiligen Reaktions- und Temperaturstufen der katalysierten Disproportionierungsreaktion dargestellt.

Sehr deutlich ist der Abbau der DSF-Komponenten 1.2 Tetrachlordimethyldisilan (δ^1= 17.43 ppm) und 1.2.2 Trimethyltrichlordisilan (δ^2= 24,35 ppm; 14,79 ppm) zu erkennen. Das 1.1.2.2 Tetramethyldichlordisilan (δ^3= 17,04 ppm) bleibt unter diesen Bedingungen stabil und wird ungespalten abdestilliert. Die gebildeten Oligo(methylchlor)silane/-carbosilane mit den Strukturgruppen CH_3ClSi<; CH_3Cl_2Si-; -CH_2ClSi<; -CH_2Cl_2Si- verursachen auf Grund der Entschirmung durch Cl-Substituenten am Silicium und von Kettenverlängerungsprozessen Resonanzsignale im tiefen Feld im Bereich von 35 bis 30 ppm (δ^5). Erste Vernetzungsreaktionen, die mit dem Aufbau tertiärer Siliciumstrukturen verbunden sind, werden durch ein neu auftretendes Resonanzsignal bei -63 ppm (δ^4) indiziert. Diese tertiären Si-Einheiten können als kleinste und offensichtlich energetisch sehr begünstigte, stabile "Bausteine" eines polycyclischen Polymergerüstes angesehen werden. Die Elementaranalyse der im Sumpf vorliegenden Mischung bei 157°C ergibt die Bruttoformel $SiC_{1.3}H_{3.7}Cl_{1.2}$. Der Chlorgehalt sinkt im Vergleich zur DSF in diesem Temperaturbereich von 58 auf 45,9 Ma%. Wird die Sumpftemperatur von 160°C nicht überschritten, stellt sich nach 75 Stunden eine Chlorgrenzkonzentration von 30 Ma% ein.

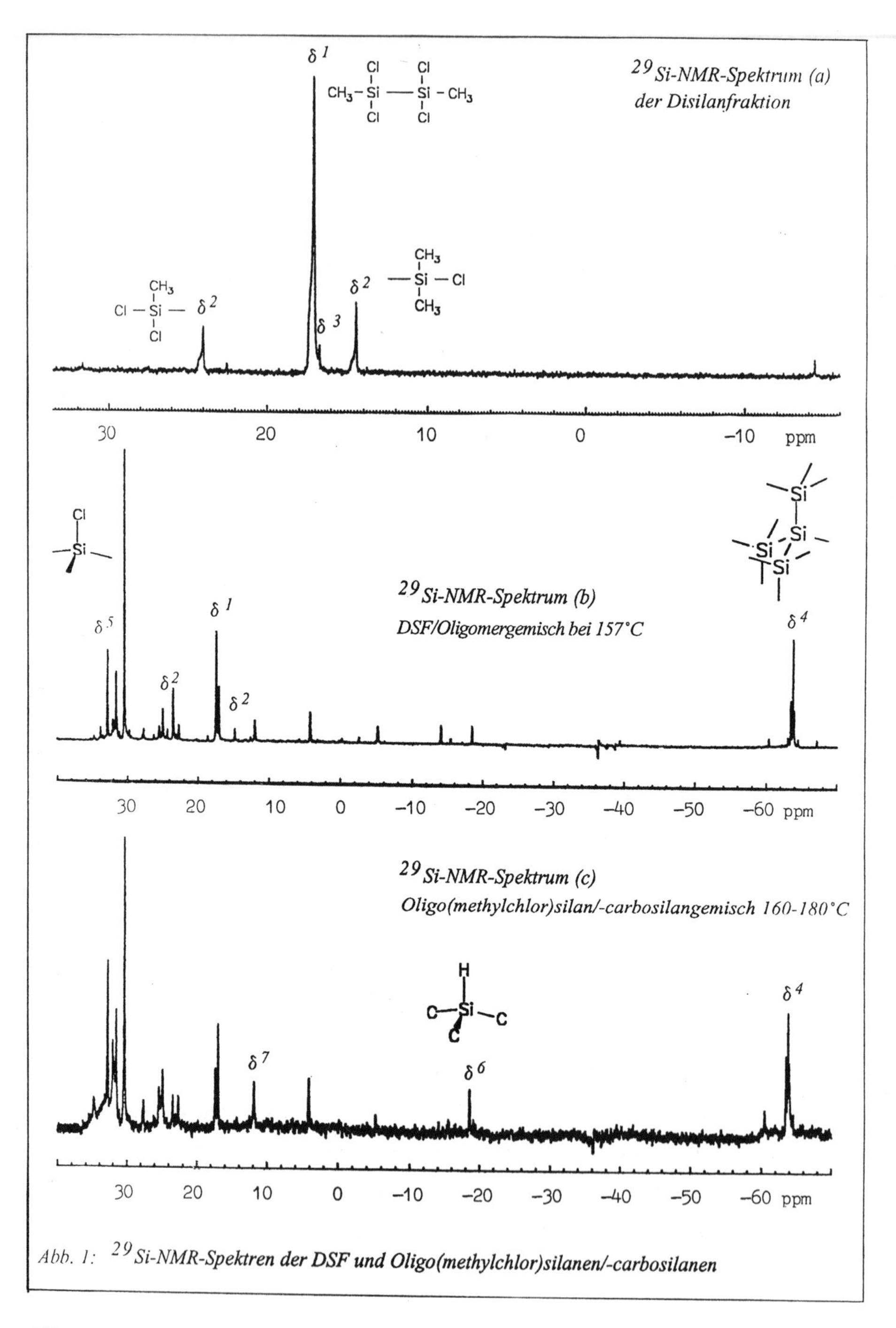

Abb. 1: ***^{29}Si-NMR-Spektren der DSF und Oligo(methylchlor)silanen/-carbosilanen***

In einem Temperaturbereich von 160-180°C kontaktieren verdampfte oligomere Anteile bzw. Bruchstücke homolytischer Spaltungsreaktionen des Oligo(methylchlor)silan/-carbosilangemisches den Katalysator und disproportionieren unter Bildung tiefsiedender Methylchlorsilane (z B. Trimethylchlorsilan, Methyldichlorsilan). Ein Indiz für die damit verbundenen forcierten Oligomer- und Polymeraufbaureaktionen ist die drastische Viskositätszunahme der Sumpfprodukte (Bruttoformel des Oligomerengemisches bei 180°C: $SiC_{1.35}H_{3.66}Cl_{1.05}$). Hiermit im Zusammenhang ist im ^{29}Si-NMR-Spektrum (c) eine Verstärkung und Linienverbreiterung des Peaks tertiärer Si-Einheiten (δ^4) zu beobachten. Die Entstehung erster Carbosilaneinheiten [SiC_3H; z.B.: $(-H_2C)_2SiHCH_3$; $-H_2CSiH(CH_3)_2$] wird durch das Signal δ^6= -18.7 ppm nachgewiesen. In der Literatur [31] wird der Verbindung $(CH_3)_2HSiCl$ eine chemische Verschiebung von 11.1 ppm zugeordnet. Offensichtlich tritt das Siliciumatom der davon abgeleiteten Strukturgruppe $-CH_2HSiClCH_3$ (reaktive Endgruppen) bzw. CH_3ClHSi- oder $-CH_2CH_3ClSi$- im Oligomer bei 11.8 ppm (δ^7) in Resonanz.

Das Auftreten von Si-H-Bindungen erhöht die Reaktivität des Oligomerengemisches beträchtlich und eröffnet weitere Vernetzungsmöglichkeiten. Diese Kondensationsreaktionen unter HCl-Abspaltung sind schwach exotherm. Ab 180°C folgen der verstärkten Carbosilanbildung schnell ablaufende stark exotherme Kondensationsreaktionen, die (unkontrolliert!) die Sumpftemperatur durchaus auf 250°C ansteigen lassen können. Durch eine geeignete Temperaturführung lassen sich diese unerwünschten Vernetzungsvorgänge verhindern und es wird möglich, den weiteren Aufbau polymerer Strukturen spektroskopisch zu verfolgen. Bei langsamer Steigerung der Temperatur auf 190-200°C ist ein deutlicher Abbau der für die oligomeren Verbindungen typischen Strukturen zu beobachten (Bruttozusammensetzung des Oligomerengemisches bei 200°C: $SiC_{1.47}H_{3.58}Cl_{0.85}$). Ab diesem Temperaturbereich tritt in den ^{29}Si-NMR-Spektren ein sehr breites intensitätsschwaches Signal um -40 ppm (δ^8) auf, das Oligomerabschnitten mit hoher Methylgruppenkonzentration (SiC_xSi_{4-x}) zugeordnet werden kann [32] und sich bis 360°C wenig verändert (Abb.: 2 (d)). Temperaturerhöhungen bis 250°C fördern den polycyclischen Gerüstaufbau und die Ausbildung von Inhomogenitäten, die durch eine drastische Linienverbreiterung der Resonanzsignale tertiärer Si-Einheiten (δ^4) indiziert werden. Das Verschwinden des Resonanzsignals von Carbosilaneinheiten der Struktur SiC_3H bei -18,7 ppm (δ^6) ist mit dem nahezu

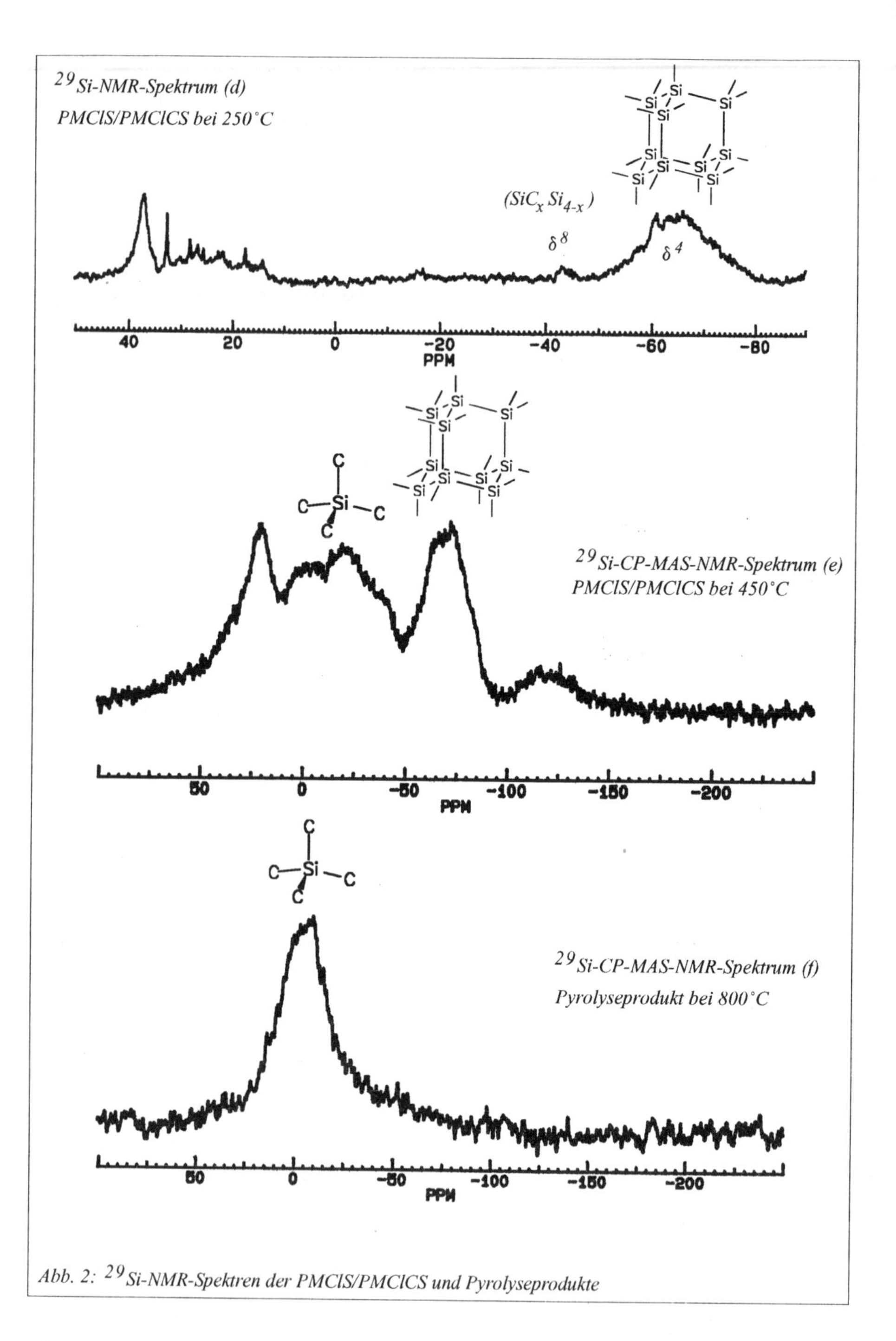

Abb. 2: ^{29}Si-NMR-Spektren der PMClS/PMClCS und Pyrolyseprodukte

vollständigen "Verbrauch" der Si-H-Gruppierungen in Vernetzungsreaktionen zu erklären.
Zusammenfassend läßt sich feststellen, daß sich der Polymeraufbau im Temperaturbereich von 200 bis 360°C bevorzugt unter Knüpfung von Si-Si- und einem geringen Anteil von Si-C-Si-Bindungen (Carbosilanbildung) vollzieht. Tertiäre Siliciumgruppierungen, die zu Beginn der katalysierten Disproportionierung gebildet werden, sind bei höheren Temperaturen Startposition eines polycyclischen Polymeraufbaus. FRITZ et al. [33] fanden, daß cyclische niedermolekulare Carbosilane bevorzugt Adamantanstrukturen ausbilden. In Anlehnung an diese Arbeiten sollten die polycyclischen Strukturen der PMClS/PMClCS überwiegend Dekasilaadamantanstruktur-Charakter besitzen. ^{29}Si-NMR-Untersuchungen in Kopplung mit Protonenanregung (INEPT-Modus) zeigen, daß die chemische Verschiebung im Bereich um -63 ppm im Polymer von protonenarmen Bezirken verursacht wird. Dieses Ergebnis stützt das oben vorgestellte Modell des Gerüstaufbaus. Die Aussagen der ^{29}Si-NMR- Spektroskopie wurden durch ^{1}H-, ^{13}C-NMR- und IR-spektroskopische Untersuchungen ergänzt. In Abb. (3) sind IR-Spektren der DSF (g), eines PMClS/PMClCS bei einer Reaktionstemperatur von 200°C (h) und eines PMClCS, das im Vakuum von 1 Torr bei 300°C (i) behandelt wurde, gegenübergestellt.
Die bei der Synthesetemperatur von 250°C isolierten PMClS/PMClCS sind in der Regel bei Zimmertemperatur Feststoffe, die in Abhängigkeit von der Temperatursteuerung der Synthese verschiedene Schmelzintervalle zwischen 60 und 200°C besitzen. Es ist aber auch bei milderen Reaktionsbedingungen (180°C) möglich, über eine zeitliche Verlängerung des katalysierten Disproportionierungsprozesses (50-70 Stunden) zu niedriger schmelzenden Festprodukten (ab 40°C) zu gelangen. Offensichtlich werden hier thermisch initiierte Vernetzungsreaktionen (Folgereaktionen der Carbosilanbildung, radikalische Vernetzungsreaktionen) gehemmt und der Polymeraufbau durch weitere Kettenverlängerungsreaktionen, z.B. Kombination von Oligomeren untereinander (Disproportionierung), gefördert. Die PMClS/PMClCS sind in Abhängigkeit von ihrem Restchlorgehalt sehr reaktiv (hydrolyseempfindlich!) und in organischen Lösungsmitteln, wie Toluol, Xylol, Tetrachlorkohlenstoff, Tetrahydrofuran löslich.
Die thermische Umwandlung (Pyrolyse) der PMClS/PMClCS in SiC wird unter Inertgas vorgenommen. Pyrolysetemperaturen von 400-450°C bewirken eine Gerüstumwandlung im Polymer. Die Polymerstrukturen, die auf Gruppierungen mit Si-Si-Bindungen basieren,

Abb. 3: IR-Spektren der DSF und PMClS/PMClCS

IR-Wellenzahlen in cm^{-1} :

CH-stretching: [2960 (H-CH_2); 2930 (C-H); 2900 (H-C-H); 2870 (C-H); 2785 (C-H)]

Si-H: 2150-2100; CH_2-deformation: [1400 (Si-CH_3); 1260 (Si-CH_3)]

Si-CH_2-Si-wagging: 1060; Si-CH-, Si-Si-Gerüst: 840-530 Si-Cl: 485- 470

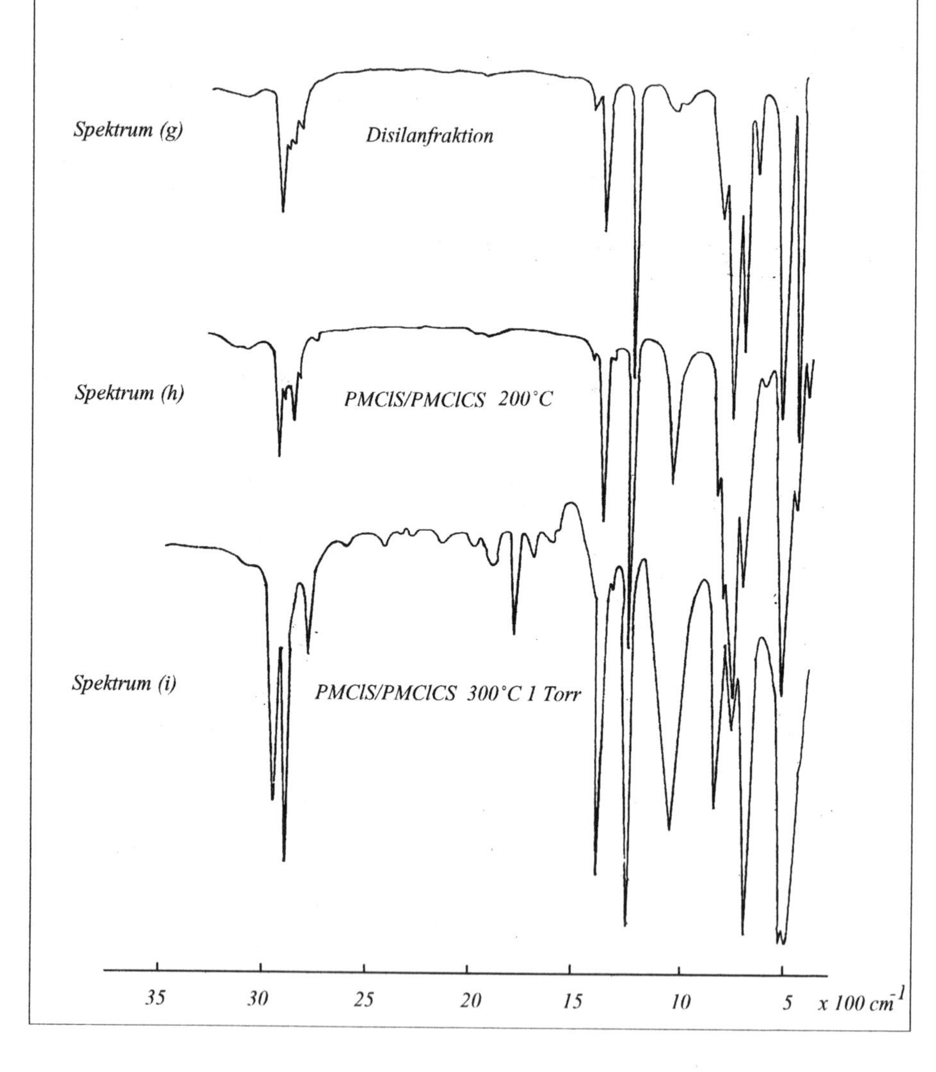

werden in neue (mit Carbosilaneinheiten) überführt: Ausbildung von SiC_4-Koordinationen. Im ^{29}Si-CP-MAS-Spektrum (Abb.: 2 (e)) ist dieser Vorgang an der Verstärkung des Signals um 0 ppm zu erkennen. Nach der Temperung bis zu 800°C werden nur noch SiC_4-Einheiten gefunden (Abb.: 2 (f)). Bei 1000°C dominiert eine amorphe SiC-Matrix, die bei ca. 1200°C zu β-SiC kristallisiert❑. Zur Charakterisierung dieser Kristallisationsvorgänge wurden Röntgenbeugungsuntersuchungen vorgenommen. Diese werden zusammen mit weiteren Untersuchungsergebnissen zu den Pyrolysevorgängen bei der Umwandlung von PMClS/PMClCS zu SiC bzw. SiC-haltigen Keramiken in einer Fortsetzung dieses Artikels vorgestellt.

Wir danken der Deutschen Forschungsgemeinschaft und dem Fonds der Chemischen Industrie für die finanzielle Unterstützung dieser Arbeiten (Förderkennzeichen Ro 961/3-1).

4. Literatur

[1] Yajima S.: Chem. Letters **9** (1975) 931

[2] West R. in "Inorganic Polymers", Prentice Hall, Polymer Science and Engineering Series (1992) 186-236

[3] Worsfold D. J. in "Inorganic and Organometallic Polymers", Zeldin M.; Wynne K.J.; Allcock H.R., eds., ACS Symposium Series, American Chemical Society, Washinton DC (1988) 360, pp 101-111

[4] v. Aefferden B.; Habel W.; Sartori P.: Chemiker-Zeitg. **114** (1990) 367

[4a] v. Aefferden B.; Habel W.; Sartori P.: Chemiker-Zeitg. **115** (1991) 173

[4b] Bacque E.; Pillot J. P.; Birot M.; Dunogues J.; Lapouyade P.: Chem. Mater. **3** (1991) 348-355

[5] Whitmarsch C. K.; Interrante L. V.: Organometallics **10** (1991) 1236

[6] v. Aefferden B.; Habel W.; Mayer L.; Sartori P.: Chemiker-Zeitg. **113** (1989) 169

[7] Seyferth D.; Lang H.: Organometallics **10** (1991) 551

[8] Nagasaki Y.; Kato N.; Kato M.: Macromol. Chem. Rapid Commun. **11** (1990) 651

[9] Sakomoto K.; Obata K.; Hirata H.; Nakajima M.; Sakurai H.: J. Amer. Chem. Soc. **111** (1989) 7641

[10] Cypryk M.; Gupta Y.; Matyjaszewski K.: J. Amer. Chem. Soc. **113** (1991) 1046

❑ *Die Pyrolysen wurden von Herrn H.-P. Martin, Inst. für Keramische Werkstoffe, BAF, vorgenommen.*

[11] Laine R. M. in "Aspects of Homogeneous Catalysis" **7** (1990) 37

[12] Barton T. J.; Ijadi-Maghsoodi S.: U.S. US 49. 40,767; Macromolecules **23** (1990) 4485; **24** (1991) 1257

[13] Ishikawa M.; Hasegawa Y.; Hatano T.; Kunai A.: Organometallics **8** (1989) 2741

[14] Corriu R.; Gerbier P.; Guerin C.; Henner B.: Angew. Chem. **104** (1992) 1228

[15] Biran C.; Bordeau M.; Pons P.; Leger M. P.; Dunogues J.: J. Organomet. Chem. **382** (1990) C17

[16] Kunai A.; Kawakanu T.: Organometallics **10** (1991) 893

[17] Hengge E.: Nachrichten aus Chemie, Technik u. Labor **41** (1993) 16

[18] Umezawa M.; Kojima M.; Ishikawa H., Ishikawa T.; Monaka T.: Electrochim. Acta **38** (1993) 4, 529

[19] Boury B.; Carpenter L.; Corriu R. J. P.: Angew. Chem. **102** (1990) 818

[20] Oku J.; Hasegawa T.; Nakamura K.; Takeuchi M.; Takaki M.; Asami R.: Polymer Journal **23** (1991) 195

[21] Aitken C.; Harrod J. F.: J. Organomet. Chem. **279** (1985) C11

[22] Tilley T.D.: Accounts Chem. Res. **26** (1993) 22

[23] Hengge E.; Weinberger M.: J. Organomet. Chem. **441** (1992) 397

[24] Hengge E.; Weinberger M.: J. Organomet. Chem. **443** (1993) 167

[25] Yamashita H.; Catellani M.; Tanaka M.: Chemistry Lett. (1991) 241

[26] Calas R.; Dunogues J.; Duffaut N.: J. Organomet. Chem. **225** (1982) 117

[27] Hengge E.; Kalchauer W.: Monatshefte für Chemie **121** (1990) 793

[28] Gilbert A. R.; Cooper G. D.: J. Amer. Chem. Soc. **82** (1960) 5042

[29] Baney R. H.; Gaul J. H.; Hilty T. K.: Organometallics **2** (1983) 859

[30] Albrecht J.; Richter R.; Roewer G.: P4207299.9 (Anmeld. b. Deutsch. Patentamt)

[31] Murphy P. D.; Taki T.; Sogabe T.; Metzler R.; Squires T. G.; Gerstein B. C.: J. Amer. Chem. Soc. **101** (1979) 4055

[32] Taki T.; Maeda S.; Okamura K.; Sato M.; Matsuzawa T.: J. Mater. Sci. Letters **6** (1987) 826

[33] Fritz G.: Angew. Chem. **99** (1987) 1150

Autorenverzeichnis

Angermann, T.	Dipl.-Chem. Friedrich-Schiller-Universität Jena Institut f. Physikalische Chemie
Birke, P.	Prof. Dr. rer. nat. habil Leuna-Werke AG Geschäftsbereich Katalysatoren
Bohmhammel, K.	Prof. Dr. rer. nat. habil. TU Bergakademie Freiberg Institut f. Physikalische Chemie
Bollmann, U.	Dr. rer. nat. habil. VAW aluminium AG Bonn Forschung und Entwicklung
Brand, P.	Prof. Dr. rer. nat. habil. TU Bergakademie Freiberg Institut f. Anorganische Chemie
Christ, B.	Dipl.-Chem. TU Bergakademie Freiberg Institut f. Physikalische Chemie
Engels, S.	Prof. Dr. rer. nat. habil. Martin-Luther-Universität Halle-Wittenberg Institut f. Anorganische Chemie
Görz, H.	Dr. rer. nat. TU Bergakademie Freiberg Institut f. Anorganische Chemie
Lange, R.	Dr.-Ing. Leuna-Werke AG Geschäftsbereich Katalysatoren (z.Zt. Universität Waterloo/Canada)
Leo, K.	Dipl.-Chem. TU Bergakademie Freiberg Institut f. Analytische Chemie

Matthes, B.	Dipl.-Chem. TU Bergakademie Freiberg Institut f. Anorganische Chemie
Mögel, H.-J.	Prof. Dr. rer. nat. habil. TU Bergakademie Freiberg Institut f. Physikalische Chemie
Richter, R.	Dipl.-Chem. TU Bergakademie Freiberg Institut f. Anorganische Chemie
Roewer, G.	Prof. Dr. rer. nat. habil. TU Bergakademie Freiberg Institut f. Anorganische Chemie
Steinicke, U.	Prof. Dr. rer. nat. habil. Zentrum f. Heterogene Katalyse in der KAI e.V., Berlin
Thomas, B.	Prof. Dr. rer. nat. habil. TU Bergakademie Freiberg Institut f. Analytische Chemie
Thomé, R.	Dr. rer. nat. VAW aluminium AG Bonn Forschung und Entwicklung
Trültzsch, C.	Dipl.-Chem. TU Bergakademie Freiberg Institut f. Physaikalische Chemie
Weiner, H.	Dr. rer. nat. TU Bergakademie Freiberg Institut f. Anorganische Chemie

Freiberger Forschungsheft

A 821 Grundstoff - Verfahrenstechnik
Brennstofftechnik

Thermisch-chemische Veredlung von Braun- und Steinkohlen sowie von Abprodukten

Redaktionelle Leitung: Prof. Dr.-Ing. **E. KLOSE**, Freiberg

1992. 146 Seiten, 53 Abbildungen, 6 Tabellen, 14,5 x 21,5 cm,
kartoniert DM 125,-
ISBN 3-342-00571-8
ISSN 0071-9390

Dieses Freiberger Forschungsheft enthält sowohl Ergebnisse von Model-lierungsrechnungen als auch von neuen technologischen Entwicklungen auf den Gebieten Verkokung, Hydrierung, Herstellung und Verwendung von Adsorbentien sowie Steinkohlenkokscharakterisierung und Lignit-verwertung.

Inhaltsübersicht: Modellierung der katalytischen Kohlehydrierung im Blasensäulenreaktor · Die Kokskammer als diskontinuierlicher Gas - Feststoff - Reaktor · Untersuchungen zum SO_2-Aufnahmevermögen von Braunkohle unterschiedlichen Wassergehaltes · Beeinflussung der Gasgeschwindigkeitsverteilung durch die Art der Gaszufuhr in technischen Schüttungen aus Holzhackgut und Holzkohle · Reaktionsfähigkeit und mechanische Eigenschaften des Kokses nach der Reaktion mit CO_2 · Möglichkeiten zur energotechnologischen Verwertung der Lignite aus dem Kohlevorkommen Mariza - Ost (Bulgarien)

Preisänderung vorbehalten

Freiberger Forschungsheft

A 826 Grundstoff - Verfahrenstechnik
Brennstofftechnik

Wissenschaftliche und technologische Grundlagen bei der Herstellung und dem Einsatz von Kohlenstoffwerkstoffen

1992. 180 Seiten, 83 Abbildungen, 39 Tabellen, 14,5 x 21,5 cm,
kartoniert DM 148,-
ISBN 3-342-00576-9
ISSN 0071-9390

Das vorliegende Freiberger Forschungsheft beinhaltet Erkenntnisse der Grundlagenforschung und neuerer technologischer Entwicklungen, vor allem sind Probleme bei der Herstellung und Qualitätsbewertung von Graphitelektroden enthalten. Die in diesem Heft publizierten Beiträge geben einen weiten Einblick in die Aufgaben der Prozeßentwicklung und -einführung in modernen Produktionsstätten für Großkohleprodukte.

Inhaltsübersicht:
Theoretische Grundlagen der chemischen Technologie der Herstellung von Kohlenstofferzeugnissen · Abbranduntersuchungen an Rohstoffen aus der Elektrodenindustrie · Graphitelektroden - Design und Produktion · Verwendung von Braunkohlenpechkoks "Rositz I" zur Herstellung von Graphiterzeugnissen · Zur Produktion von Graphitelektroden und deren Verbrauch in Elektrolichtbogenöfen

Preisänderung vorbehalten